Ivan Ernest

Organische Reaktionsmechanismen
Probleme und Lösungen

Springer-Verlag
Wien New York

Dr. Ivan Ernest
Woodward Forschungsinstitut
Basel, Schweiz

Das Werk ist urheberrechtlich geschützt.
Die dadurch begründeten Rechte, insbesondere die der Übersetzung,
des Nachdruckes, der Entnahme von Abbildungen, der Funksendung, der Wiedergabe
auf photomechanischem oder ähnlichem Wege
und der Speicherung in Datenverarbeitungsanlagen,
bleiben, auch bei nur auszugsweiser Verwertung, vorbehalten.
© 1976 by Springer-Verlag/Wien
Printed in Austria

ISBN 3-211-81347-0 Springer-Verlag Wien-New York
ISBN 0-387-81347-0 Springer-Verlag New York-Wien

Vorwort

> „Mein lieber Watson, versuch dich doch selbst einmal an einer kleinen Analyse", sagte Sherlock Holmes, ein wenig Ungeduld in der Stimme.
>
> Sir Arthur Conan Doyle: Im Zeichen der Vier.

Ein wissenschaftliches Experiment — welch ein faszinierendes Erlebnis für jeden Beteiligten! Nur schade, daß in Lehrbüchern von dieser Faszination meistens recht wenig zu spüren übrig bleibt. Im Prozeß der Verallgemeinerung wird aus dem Einzelexperiment nur die Quintessenz extrahiert, mit derjenigen von vielen anderen Experimenten vermischt, die Fakten werden nachher nochmals selektioniert und verdichtet, und so geht manche Facette, so faszinierend sie auch sein mag, unvermeidlich verloren.

Dieses Buch möchte dem Leser ermöglichen, wenigstens etwas von der Begeisterung über ein sinnreiches Experiment mitzuerleben. Dazu wurden ausgewählte Beispiele aus der gegenwärtigen Originalliteratur über organische Reaktionsmechanismen in eine Art Quiz umgeformt. Sie sollen einerseits dem Studierenden erlauben, bei ihrem Lösen den Bereich seiner Kenntnisse zu überprüfen und diesen um neue Befunde zu erweitern. Er soll aber zugleich auch die Problemstellung und Beweisführung in der heutigen Forschung auf dem Gebiet der organisch-chemischen Theorie kennenlernen. Die Quiz-Form soll dabei für die schöpferische Beteiligung und die bei der Lösung wissenschaftlicher Probleme übliche Spannung sorgen.

Das Buch entstand als eine Ergänzung und Erweiterung eines Lehrbuches[1], ist jedoch in seiner heutigen Form an kein bestimmtes Lehrbuch über organische Reaktionsmechanismen gebunden. Es wendet sich vor allem an Universitätsstudenten, aber auch, ganz allgemein, an alle Freunde und Liebhaber der Organischen Chemie.

Nichts ist frustrierender als das Gefühl eigener Unzulänglichkeit. Der Leser soll nicht darunter leiden, auch wenn nicht alle Probleme gleich leicht sind. Manchmal hilft ein kleiner Wink, die richtige Spur zu finden. Diese Hinweise sind im mittleren Teil des Buches zu suchen; es wird nur das Allernötigste verraten. Erst im dritten Teil des Buches werden die Lösungen, meistens in breiteren Zusammenhängen, diskutiert.

---

[1] Ernest, I.: Bindung, Struktur und Reaktionsmechanismen in der organischen Chemie. Wien-New York 1972. Springer.

Wie Herr Professor Wald einmal so schön gesagt hat, ist ein Experiment „eine List, mit der man die Natur dazu bringt, verständlich zu reden. Danach muß man nur noch zuhören."[2] Hören wir also aufmerksam zu, was uns die immer noch geheimnisvolle Natur in den folgenden Geschichten zuflüstert.

Basel, im Dezember 1975   **Ivan Ernest**

---

[2] Wald, G.: Nobel-Vortrag. Angew. Chem. *80,* 857 (1968).

Inhaltsverzeichnis

	Probleme Nr.	Seite
A. Probleme, S. 1		
Bindungs- und Strukturprobleme	1—10	3
Carboniumionen. Nukleophile Substitution am gesättigten Kohlenstoff	11—21	7
Carbanionen. Bildung und Reaktionen	22—24	15
Polare Eliminierungen	25—34	17
Polare Additionen an ungesättigte Systeme	35—49	26
Polare aromatische Substitutionen	50—55	37
Polare Umlagerungen	56—65	41
Radikalische Reaktionen	66—74	50
Reaktionen der Carbene	75—77	59
Mehrzentrenreaktionen mit cyclischer Elektronenverschiebung	78—88	61

B. Hinweise, S. 69

C. Lösungen, S. 91

A. Probleme

Bindungs- und Strukturprobleme

1 Durch Addition von Carben an die Doppelbindung von $\Delta^{1,5}$-Bicyclo[3.2.0]hepten 1 konnte 1972 der interessante Kohlenwasserstoff 2 zum erstenmal hergestellt werden.

Was finden Sie am Gerüst dieser tricyclischen Verbindung ungewöhnlich?

2 Bromierung von 9-(2', 6'-Dimethylphenyl)-fluoren 1 mit N-Bromsuccinimid in siedendem Benzol ergab zwei isomere Monobromderivate, die durch eine Kieselgel-Chromatographie getrennt werden konnten. Bei gewöhnlicher Temperatur erwiesen sich beide Isomeren als stabil. Oberhalb 80°C kam es jedoch zur Aequilibrierung ihrer Lösungen, wobei – unabhängig vom Ausgangsmaterial und Temperatur – immer dasselbe Gemisch der beiden Isomeren entstand. Um was für eine Art Isomerie handelt es sich da?

3 Durch thermische Zersetzung des cyclischen, optisch aktiven Thiocarbonates 1 in Trialkylphosphit – eine von Corey und Winter[1] ausgearbeitete Methode zur stereospezifischen Synthese von Olefinen aus vicinalen Diolen – wurde in hoher Ausbeute und optischer Reinheit das optisch aktive (−)-trans-Cycloocten 2 hergestellt[2].

---

[1] Corey, E. J., Winter, R. A. E.: J. Amer. Chem. Soc. 85, 2677 (1963).
[2] Corey, E. J., Shulman, J. I.: Tetrahedron Letters 1968, 3655.

Warum findet man in der obigen Reaktion ein optisch aktives Produkt, obwohl die einzigen zwei chiralen Kohlenstoffatome des Ausgangsmaterials in sp^2-C-Atome übergehen?

4 Bei einer oberflächlichen Betrachtung der Formeln von [2.2]Paracyclophen 1 und *cis*-Stilben 2 könnte man bei beiden Verbindungen auf ähnliche UV-Chromophore schließen. In der Tat unterscheiden sich jedoch ihre UV-Spektren ganz wesentlich. Wo bei 2 eine starke Absorption bei ~ 280 nm als Folge einer Konjugationsübertragung durch die Äthylen-Brücke auftritt, absorbiert 1 nur ganz schwach und weist auch sonst keine charakteristischen Merkmale eines hochkonjugierten Systems auf (sein Spektrum ist eher demjenigen von [2.2]Paracyclophan 3 als demjenigen von 2 ähnlich).

Worauf ist das erwähnte spektroskopische Verhalten von 1 zurückzuführen?

5 Neulich ist der Kohlenwasserstoff 1 (9,9', 10,10'-Tetradehydrodianthracen) synthetisiert worden. Was finden Sie an seiner Struktur ungewöhnlich?

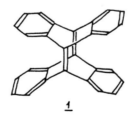

6 Fluoren 1 ist eine viel stärkere C-Säure ($pK_a = 22.9$) als das ähnlich gebaute Diphenylmethan 2 ($pK_a = 34.1$)[3]. Worauf ist diese Tatsache zurückzuführen?

---

[3] $pK_a = -\log \dfrac{[R^-][H^+]}{RH}$; die Gleichgewichtskonstanten K_a sind in Cyclohexylamin mit Cäsiumcyclohexylamid als Base auf spektroskopischem Wege bestimmt worden. Streitwieser jr., A., Brauman, J. I., Hammons, J. H., Pudjaatmaka, A. H.: J. Amer. Chem. Soc. *87*, 384 (1965).

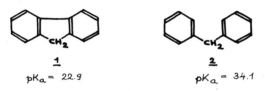

7 „Peri-substituted naphthalenes provide a useful testing ground for steric effects and other interactions between substituents"[4] leitet R. W. Alder seine 1968 publizierte kurze Mitteilung ein, in der er und seine Mitarbeiter über die bemerkenswerte Basizität von 1.8-*bis*-Dimethylaminonaphthalen 1 berichten.

Der pK_a-Wert[5] dieses aromatischen Diamins liegt unerwartet hoch bei 12.34, tritt damit steil aus der Reihe der bei aromatischen Aminen üblichen Werte ($\sim$ 4.5–5.5) aus und ist sogar viel höher als die pK_a-Werte aliphatischer Amine ($\sim$ 10), die sonst aromatische Amine an Basizität um 4–5 Größenordnungen übertreffen.

Die Basizität von **1** ist ungewöhnlich hoch auch im Vergleich zum nicht-alkylierten 1.8-Diaminonaphthalen und seinen unvollkommen methylierten Derivaten. Mit steigender Zahl der Methylgruppen steigt zwar ständig der pK_a-Wert an, aber der überraschende Sprung (um 6 Zehnerpotenzen !) kommt erst bei der Einführung des letzten Methyls:

	pK_a (in Wasser)
1.8-Diaminonaphthalen	4.61
1.8-N,N′-Dimethyldiaminonaphthalen	5.61
1.8-N,N,N′-Trimethyldiaminonaphthalen	6.43
1.8-N,N,N′,N′-Tetramethyldiaminonaphthalen (**1**)	12.34

Das IR-Spektrum des Monohydrobromids von **1** weist keine typischen NH-Banden aus, sondern nur eine schwache, breite Hintergrund-Absorption (von 3000 cm^{-1} bis zu 800 cm^{-1}), die bei starken intramolekularen Wasserstoff-Bindungen vorkommt. Auch das NMR-Spektrum des monoprotonierten **1** (NH bei sehr tiefem Feld: τ −9.51) spricht für eine starke Wasserstoff-Bindung.

Haben Sie eine plausible Erklärung für das einzigartige Verhalten von **1** ?

---

[4] „Peri-substituierte (d. h. 1.8-disubstituierte) Naphthalene bieten ein nützliches Testgebiet für sterische Effekte und andere Wechselwirkungen zwischen Substituenten." Alder, R. W., Bowman, P. S., Steele, W. R. S., Winterman, D. R.: J. C. S., Chem. Commun. *1968*, 723.

[5] Für eine Base B ist $pK_a = -\log \frac{[B][H^+]}{[BH^+]}$. Je höher also der pK_a-Wert, desto stärker die Base B.

8 Bicyclo[2.2.2]octan-2,6-dion **1** gibt keine Farbreaktion mit Fe^{3+}-Ionen und seine Löslichkeit in wässrigem Alkali ist gleich wie in Wasser. Es verbraucht zwei Moläquivalente Methylmagnesiumjodid ohne eine wesentliche Menge Methan freizusetzen. Die Verbindung ist also praktisch nicht enolisiert, was im krassen Unterschied zum 1,3-Cyclohexandion **2** selbst und anderen, nicht überbrückten Verbindungen dieses Typs steht (diese liegen praktisch nur in der Enol-Form vor). Warum wird bei **1** die Keto-Form bevorzugt?

9 Diphenylcyclopropenon **1** scheidet sich aus seiner Lösung in feuchtem Benzol als kristallines Monohydrat aus. Eine Röntgenanalyse dieser Kristalle zeigte jedoch, daß es sich nicht um ein geminales Diol, wie z. B. bei Chloral-(**3**) oder Ninhydrin-Hydrat (**4**) handelt, sondern daß das Wassermolekül zum Sauerstoff der Carbonylgruppe durch eine Wasserstoff-Bindung gebunden ist. Wie die Messungen zeigten, ist die Bindung zwischen C und O des Carbonyls etwas länger als bei Carbonylgruppen aliphatischer Ketone. Alle Befunde wiesen auf einen wesentlichen Beitrag der polaren Resonanzform **2** hin.

Warum wird hier die polare Form des Carbonyls bevorzugt und warum findet keine Wasseranlagerung an das positive C statt?

10 Eine sauer katalysierte Acylierung von Acetessigsäuremethylester **1** (mit Isopropenylacetat und Toluolsulfonsäure) führt überwiegend zum Z-Isomeren des Acetoxycrotonsäureesters **2**, bei einer basisch katalysierten Reaktion (mit Acetylchlorid und Triäthylamin) entsteht dagegen hauptsächlich die E-Form **3**. Wie sind diese unterschiedlichen stereochemischen Resultate der beiden Prozesse zu deuten?

Carboniumionen. Nukleophile Substitution am gesättigten Kohlenstoff

11 Eine vollkommene, polare Dissoziation der C-Halogen-Bindung in Alkylhalogeniden ist z. B. durch Komplexierung des Halogens mit einer Lewis'schen Säure (BF_3, SbF_5) in geeignetem, gut ionisierendem Medium zu erreichen.

$$R-X \;+\; SbX_5 \;\rightarrow\; R^+ \;+\; SbX_6^-$$

Auf diese Weise konnten Olah und Mitarbeiter Lösungen verschiedener Alkyl-Carboniumionen in SO_2-FSO_3H in Anwesenheit von SbF_5 bei tiefen Temperaturen herstellen und ihre Eigenschaften spektroskopisch untersuchen.

Olah und Svoboda[1] gelang es sogar neulich, durch Umsetzung von 1,4-Dibrombutan mit $HSbF_6$ in Methylenchlorid unter Ausschluß von Feuchtigkeit ein *kristallines* Salz der Summenformel $C_4H_8BrSbF_6$ zu isolieren. Das Salz ist zwar nur unter $-20°C$ beständig, seine Stabilität erscheint jedoch ungewohnt hoch, wenn man sie mit derjenigen der einfachen Alkylfluorantimonate $R^+SbF_6^-$ vergleicht: Diese sind noch nie kristallin erhalten worden und, wie schon angedeutet, existieren nur in Lösungen bei sehr tiefen Temperaturen (manche erleiden auch dann schnell verschiedene Umwandlungen). Die relativ hohe Stabilität ist in inserem Fall offenbar der Anwesenheit des Brom-Substituenten zu verdanken. Wie ist dies zu verstehen?

12 5-Jod-cyclopentadien 1 wird von Propionsäure nicht einmal in Anwesenheit von Silberperchlorat solvolysiert. Das gesättigte Cyclopentyljodid 2 reagiert dagegen unter gleichen Bedingungen schnell zu Cyclopentylpropionat. Eine nähere Untersuchung der Reaktion von 1 (es bleibt nicht unverändert, sondern bildet ein Dimeres, welches dann seine Jodatome gegen Propionsäurereste austauscht) ergab, daß die direkte Solvolyse von 1, falls sie überhaupt eintritt, mindestens 10^5 mal langsamer sein muß als diejenige von 2. Diese Abneigung zur Solvolyse ist umso erstaunlicher, als man 1 als ein (sogar doppelt) allylisches Halogenderivat, die bekanntlich sehr reaktiv sind, betrachten kann.

Haben Sie eine Erklärung für dieses Verhalten von 1?

---

[1] Olah, G. A., Svoboda, J. J.: Synthesis *1973*, 203.

13 Um an den sterischen Verlauf der nukleophilen Prozesse bei Neopentylderivaten besser heranzukommen, stellte Mosher (Stanford University, Californien) den optisch aktiven, monodeuterierten Neopentylalkohol 1 her und ließ das entsprechende Tosylat 2 mit verschiedenen Nukleophilen unter verschiedenen Bedingungen reagieren. Dann isolierte er immer sorgfältig alle Reaktionsprodukte, bestimmte genau ihre optische Zugehörigkeit und schloß daraus auf den allgemeinen Charakter und die Stereochemie des untersuchten Prozesses[2].

$$(CH_3)_3C-C\underset{X}{\overset{D\;H}{\diagup}}\quad \underline{1}: X = OH \quad \underline{2}: X = O\text{-}SO_2\text{-}C_6H_4\text{-}CH_3$$

Auf diese Weise kam er zu einigen überraschenden Erkenntnissen. Im folgenden wollen wir uns mit zwei seiner Versuche näher beschäftigen.

1. Beim Erhitzen des (S)-Neopentyl-1-*d*-tosylats 2 mit einer Lösung von Alkaliazid in Hexamethylphosphorsäuretriamid[3] entstand als einziges Produkt in einer fast quantitativen Ausbeute das (R)-Neopentyl-1-*d*-azid 3. Auch mit anderen Nukleophilen, z. B. mit CN^-, F^-, Cl^-, Br^- oder HS^-, verlief die Umwandlung mit praktisch vollkommener Inversion.

$$(CH_3)_3C-C\underset{OTs}{\overset{D\;H}{\diagup}} \quad\xrightarrow[24\;\text{Stdn.}\;90°C]{N_3^-\;\text{in}\;(Me_2N)_3PO}\quad (CH_3)_3C-C\underset{H}{\overset{N_3}{\diagup}}D$$

$$\underline{2} \hspace{6cm} \underline{3}$$

2. Weniger einfach verlief die Äthanolyse von 2 (wieder in seiner (S)-Form). Eine vollständige Umwandlung von 2 wurde erst nach 24 Stunden bei 130°C (im Bombenrohr, in Anwesenheit von 2,6-Dimethylpyridin zum Abfangen der freigesetzten Toluolsulfonsäure) erreicht und es entstanden folgende Produkte:

---

[2] Mosher, H. S.: Tetrahedron *30*, 1733 (1974).

[3] In diesem, sowie in anderen polaren, aprotischen Lösungsmitteln werden Anionen (in unserem Fall die Azid-Ionen) nur schwach solvatisiert, und ihre nukleophile Wirksamkeit kommt dadurch voll zum Ausdruck. Siehe auch S. 101.

Was für Schlüsse kann man aus den hier angegebenen Resultaten über den sterischen Verlauf der Substitutionsreaktionen der Neopentylderivate ziehen und in welchem Sinne könnte man sie – in bezug auf die bisherigen, allgemeinen Vorstellungen über die Chemie dieser Systeme – für überraschend halten?

14 Die folgenden vier, strukturell miteinander verwandten p-Brombenzolsulfonate 1–4 wiesen bei der Acetolyse (25°C) sehr unterschiedliche Reaktionsgeschwindigkeiten auf: Die Werte der relativen Geschwindigkeitskonstanten lagen im Bereich von 11 Zehnerpotenzen!

Was für beschleunigende Effekte machen sich bei der Solvolyse von 3 und 4 bemerkbar?

15 Der bicyclische, ungesättigte p-Toluolsulfonsäureester 1 wird in wässrigem Aceton schon bei 25°C hydrolysiert. Das Produkt ($C_{10}H_{16}O$) ist jedoch nicht der entsprechende primäre, sondern ein *gesättigter, sekundärer* Alkohol. Die Hydrolyse von 1 ist für ein primäres p-Toluolsulfonat ungewöhnlich schnell, nämlich 10.000mal schneller als diejenige des analog gebauten, aber gesättigten p-Toluolsulfonates 2.

Welches ist das Hydrolyseprodukt von **1** ? Es sei bemerkt, daß es prinzipiell zwei Möglichkeiten gibt, von denen allerdings eine thermodynamisch stark bevorzugt wird.

16 Das folgende Beispiel zeigt einmal mehr, wie die Wahl des Lösungsmittels über den Reaktionsverlauf zwischen zwei Komponenten entscheiden kann. Das Toluolsulfonat **1** gab mit Lithiumazid in siedendem Methanol ein Gemisch von 3β-Azido-Derivat **2** und der 6β-Azido-3,5-cyclosteroid-Verbindung **3**. Mit Natriumazid in Dimethylsulfoxid entstand dagegen das 3α-Azid **4**.

Welches sind die Mechanismen in Methanol und in Dimethylsulfoxid und wie ist der unterschiedliche Verlauf mit den Eigenschaften beider Lösungsmittel zu erklären ?

17 Bei Solvolysen des 5-Hexenyl-*p*-nitrobenzolsulfonats **1** in hydroxylhaltigen Lösungsmitteln (im folgenden Schema als SOH bezeichnet) kann man aus der Produkt-Zusammensetzung auf zwei konkurrierende Prozesse schließen:
a) einen externen (S_N 2-artigen) nukleophilen Angriff des Lösungsmittels am $C_{(1)}$: er führt zu offenkettigen Produkten **2**;

b) eine Ionisierung unter intramolekularer Beteiligung der Doppelbindung, aus der cyclische Produkte **3** und **4** mit wenig **5** resultieren.

Die Beteiligung der beiden Mechanismen am Gesamtprozeß ist stark lösungsmittelabhängig, wobei besonders die Nukleophilie und das Ionisierungsvermögen des Lösungsmittels zum Ausdruck kommen.

1. Welche Lösungsmittel allgemein — im Bezug auf diese zwei Eigenschaften — fördern den Cyclisierungsprozeß ?
2. Erwarten Sie mehr cyclisierte Produkte bei der Solvolyse von 1 in Essigsäure (dielektrische Konstante $\epsilon = 6.15$) oder in der stärker sauren Ameisensäure ($\epsilon = 58.5$) ?
3. Warum überwiegen eigentlich unter den cyclisierten Produkten diejenigen mit einem Sechsring, wenn die Bildung von Fünfringen allgemein bevorzugt wird ?

18 Hydrolyse des 2-(9'Anthryl)-äthyltosylats 1 in 60 % wässrigem Dioxan in Anwesenheit von $NaHCO_3$ (zur Neutralisierung der freigesetzten Toluolsulfonsäure) ergab in einer praktisch quantitativen Ausbeute ein Gemisch von zwei Alkoholen. Etwa 15% dieses Gemisches bildete das „normale", bekannte 2-(9'-Anthryl)-äthanol **4**, R=H die restlichen 85% ein neuer, mit dem ersteren isomerer Alkohol **3**.

Die neue Verbindung war offenbar das kinetische Produkt: Obwohl völlig stabil unter den angegebenen Solvolysebedingungen (Wasser-Dioxan, $NaHCO_3$), ging **3** in 95% Äthanol in Anwesenheit einer starken Säure (10^{-4} M $HClO_4$) schnell in die thermodynamisch begünstigte Form **4** über[4].

---

[4] Unter diesen Bedingungen entstand allerdings ein Gemisch von **4**, R=H und dem entsprechenden Äther **4**, R=C_2H_5.

Soviel über das „abnormale" Produkt 3. Aber auch der „normale" Alkohol 4 schien auf einem „abnormalen" Weg entstanden zu sein. Als nämlich das α-dideuterierte Tosylat 1-α-d_2 den oben erwähnten Hydrolysebedingungen ausgesetzt worden war, fand man in dem der Struktur 4, R=H entsprechenden Anteil des Produktes den schweren Wasserstoff praktisch gleichmäßig auf die α- und β-Stellungen verteilt (s. g. *scrambling*).

Diese und einige weitere, hauptsächlich kinetische Befunde ließen die Autoren der Arbeit, S. Winstein und seine Mitarbeiter[5], vermuten, daß 3 und ein großer Teil, möglicherweise sogar alles von 4 aus demselben, instabilen Zwischenprodukt 2 entstanden sind. Welches ist dieses Zwischenprodukt und welches die Struktur von 3 ?

19 Die Hydrolyse der *p*-Nitrobenzoate 1 und 2 in 80% wässrigem Aceton ist bei 50°C 10^6–10^7 mal schneller als diejenige des Cyclohexyl-*p*-nitrobenzoats 5 und führt in beiden Fällen zu demselben Gemisch (ungefähr 4 : 1) zwei isomerer Alkohole 3 und 4.

Welches sind die Strukturen von 3 und 4 ? Erklärt der von Ihnen vermutete Mechanismus auch die beobachtete Reaktionsbeschleunigung im Vergleich zur Hydrolyse von 5 ?

---

[5] Eberson, L., Petrovich, J. P., Baird, R., Dyckes, D., Winstein, S.: J. Amer. Chem. Soc. *87*, 3504 (1965).

20 Durch Hydrolyse des o-Nitrobenzhydrylbromids 1 in wässrigem Aceton entstand ein unerwartetes Produkt: o-Nitrosobenzophenon 2.

$$1 \xrightarrow[45°C]{90\% \text{ Aceton} - H_2O} 2 + HBr$$

Gemessen an der Geschwindigkeit der Bildung von HBr war die Reaktion 83mal schneller als die Solvolyse von p-Nitrobenzhydrylbromid unter gleichen Bedingungen, die zum „normalen" Produkt, also dem entsprechenden Alkohol, führte. Auch das o/p-Geschwindigkeitsverhältnis war überraschend. Gewöhnlich solvolysieren o-substituierte Benzhydrylderivate wegen sterischer Störung der Solvatisierung langsamer als die p-Isomeren.
Haben Sie eine plausible Erklärung für die erwähnten Befunde?

21 Die moderne organische Synthese reagiert äußerst empfindlich auf neue Errungenschaften auf dem theoretischen Gebiet. Dies spiegelt sich unter anderem in der Einführung von immer neuen, oft ganz ungewohnten Reagentien in die präparative Praxis wider. Ein Beispiel:
Olah und seine Schule haben im letzten Jahrzehnt durch ihr Studium „supersaurer" Lösungen organischer Verbindungen die Carboniumion-Chemie um manchen wichtigen Befund bereichert. Unter anderem haben sie auch einige Carboniumion-Salze in fester Form hergestellt (vgl. dazu Aufgabe 11). So entsteht aus Dichlordiphenylmethan 1 und Antimonpentachlorid in Freon 113 als Lösungsmittel das kristalline Chlordiphenylcarbonium-hexachlorantimonat 2, das man — allerdings nur unter strengem Feuchtigkeitsausschluß — in festem Zustand gut aufbewahren kann[6].

$$\begin{array}{c} C_6H_5 \\ C_6H_5 \end{array}\!\!>\!\!C\!\!<\!\!\begin{array}{c} Cl \\ Cl \end{array} + SbCl_5 \xrightarrow[-20°C \to 0°C]{FCl_2C-CF_2Cl} \begin{array}{c} C_6H_5 \\ C_6H_5 \end{array}\!\!>\!\!\overset{+}{C}\!-\!Cl \; SbCl_6^-$$

1   2

Für dieses merkwürdige Salz hat nun Barton und Mitarbeiter [7] einen interessanten, präparativen Gebrauch, nämlich als Reagens zur Ein-Topf-Überführung von Alkoholen in N-Alkylamide, gefunden. Der Alkohol wird dabei mit 2 in Anwesenheit eines Nitrils (dieses kann zugleich als Lösungsmittel benutzt werden) bei Raumtemperatur kurz behandelt und das Reaktionsgemisch nachher wässrig aufgearbeitet. Die Ausbeuten an Alkylamiden liegen meistens zwischen 70% und 85%. Als einziges organisches Nebenprodukt entsteht dabei Benzophenon. Z.B.:

---

[6] Olah, G. A., Svoboda, J. J.: Synthesis *1972*, 307.
[7] Barton, D. H. R., Magnus, P. D., Garbarino, J. A., Young, R. N., J. Chem. Soc., Perkin I, 2101 (1974).

$$CH_3-\underset{\underset{\underline{3}}{OH}}{CH}-C_6H_{13} \xrightarrow[\substack{2)\ CH_3-C\equiv N \\ 3)\ H_2O}]{1)\ (C_6H_5)_2\overset{+}{C}-Cl\ SbCl_6^-} CH_3-\underset{\underset{\underline{4}}{NH-\underset{\underset{O}{\|}}{C}-CH_3}}{CH}-C_6H_{13} \quad \sim 86\%$$

$$+\ (C_6H_5)_2C=O\ +\ HCl\ +\ HSbCl_6$$

In unserem Summenschema sind die drei benutzten Reagentien absichtlich getrennt aufgeführt, denn sie kommen tatsächlich in der angegebenen Reihenfolge zur Geltung. Nach Meinung der Autoren treten im Laufe der Umwandlung nacheinander drei instabile (nicht gefaßte), ionenartige Zwischenprodukte auf.

Wie stellen **Sie** sich die Aufgabe des Carboniumsalzes 2 bei der Bildung des N-Alkylamids **4** vor ?

Carbanionen. Bildung und Reaktionen

22 2-Nitro-9-methylfluoren 2 tauscht in CH_3OD in Gegenwart von CH_3ONa sein Wasserstoffatom am $C_{(9)}$ etwa 3500mal schneller gegen Deuterium aus als 9-Methylfluoren 1 selbst. Auch bei der 2-Cyano-Verbindung 3 ist der H/D-Austausch viel (1440mal) schneller als bei 1. Worauf ist die größere Beweglichkeit des $H_{(9)}$-Atoms in 2 und 3 zurückzuführen ?

1: X = H
2: X = NO_2
3: X = CN

23 Die aus 2-Methyl-2-(4-pyridyl)-1-chlorpropan 1 und Magnesiumspänen hergestellte Grignard-Verbindung 2 gab zwar bei der Hydrolyse das erwartete 4-*tert*. Butylpyridin 3, bildete jedoch mit Acetylchlorid das spirocyclische Dihydropyridin-Derivat 4.

Wie stellen Sie sich die Bildung von 4 aus 2 vor ?

24 Durch Zugabe von 4-Chlor-1-*p*-biphenylyl-1,1-diphenylbutan 1 zu fein verteiltem Kalium in siedendem Tetrahydrofuran entstand eine Lösung, die mit CO_2 2,2-Diphenyl-5-*p*-biphenylylpentansäure 2 und bei der Zersetzung mit Methanol den

Kohlenwasserstoff **3** lieferte. Beide Produkte besaßen also ein im Vergleich zu **1** umgelagertes Gerüst. Wie konnte eine solche 1,4-Wanderung der *p*-Biphenylyl-Gruppe zustande kommen?

Die Reaktion des Chlorids **1** mit dem Metall ist im Endresultat eine zweistufige Zwei-Elektronen-Reduktion. Die Umlagerung konnte *a priori* entweder a) nach der ersten Ein-Elektron-Reduktion im gebildeten *Radikal*, oder b) erst nach vollendeter Reduktion im *Carbanion*-Stadium stattfinden. In diesem Zusammenhang ist eine wichtige Beobachtung zu erwähnen: Die Umlagerung wurde durch Zugabe von *tert*. Butanol zu Tetrahydrofuran bei der Metallierung unterdrückt und es entstand hauptsächlich der Kohlenwasserstoff **4**, der sonst bei der Metallierung in THF allein und nachträglichen Zersetzung mit Methanol neben **3** nur in Spuren auftrat.

Polare Eliminierungen

25 Nukleophile Substitutionen und Eliminierungen konkurrenzieren sich bekanntlich: Jede Substitution wird in größerem oder kleinerem Ausmaß von einer Eliminierung begleitet und *vice versa*.

$$\text{>CH-C-X} + \bar{Y} \longrightarrow \text{>CH-C-Y} + \bar{X}$$
$$\longrightarrow \text{>C=C<} + HY + \bar{X}$$

1   **2**

Welche Kombination der folgenden, alternativen Bedingung finden Sie allgemein optimal für die Herstellung eines Olefins 2 aus 1 ?
1. X soll eine a) gute
          b) schlechte Abgangsgruppe sein;
2. Y soll eine a) schwache
          b) starke Base sein;
3. dabei soll Y ein a) starkes
          b) schwaches Nukleophil sein;
4. das Lösungsmittel soll ein a) gutes
          b) schlechtes Ionisierungsvermögen besitzen;
5. eine a) höhere
    b) niedrigere Temperatur ist günstig.

26 Halogenid-Ionen in dipolaren aprotischen Medien werden immer häufiger als „Basen" für olefinbildende 1,2-Eliminierungen benutzt. Eine kürzlich von Naso und Ronzini (1974) publizierte Arbeit berichtet über präparative Vorteile und Stereochemie der Eliminierung mit Fluorid-Ionen bei β-halogensubstituierten Styrol-Derivaten. *Cis*-β-bromo-*p*-nitrostyrol 1 gab mit Tetraäthylammoniumfluorid in Acetonitril (eine Stunde bei 25°C) oder mit KF in Dimethylsulfoxid (30 Minuten bei 80°C) in hoher Ausbeute *p*-Nitrophenylacetylen 2.

$$O_2N-C_6H_4-CH=CHBr \xrightarrow{F^-} O_2N-C_6H_4-C\equiv CH + HF + Br^-$$

1   **2**

Das mit **1** isomere *trans*-β-Bromo-*p*-nitrostyrol **3** erwies sich dagegen gegenüber F^--Ionen vollkommen stabil — es blieb mit Tetraäthylammoniumfluorid in Acetonitril noch nach drei Tagen bei 30–50°C unverändert.

$$O_2N-C_6H_4-\underset{H}{\overset{H}{C}}=\underset{H}{C}-Br \quad \xrightarrow{F^-} \quad \text{↶}$$

3

Anders war das Ergebnis bei den isomeren β-Bromo-β-methyl-*p*-nitrostyrolen **4** und **5**: Hier haben *beide* Isomere mit F^--Ionen (KF in Dimethylsulfoxid, 100°C) glatt, wenn auch zu unterschiedlichen Produkten (**6** bzw. **7**; beide $C_9H_7NO_2$), HBr eliminiert.

$$O_2N-C_6H_4-\overset{H}{C}=\underset{Br}{C}-CH_3 \quad \xrightarrow{F^-} \quad \underline{6}$$

4

$$O_2N-C_6H_4-\overset{H}{C}=\underset{CH_3}{C}-Br \quad \xrightarrow{F^-} \quad \underline{7}$$

5

Welches waren die letztgenannten Produkte **6** und **7**?

27 Nicht alle E2-Eliminierungen verlaufen ideal synchron, d. h. mit gleichem Ausmaß an Streckung der $H-C_{(\beta)}$- und der $C_{(\alpha)}-X$-Bindung im Übergangszustand. Neben offenbar eher seltenen Idealfällen gibt es einerseits E1-ähnliche E2-Eliminierungen, bei denen die $C_{(\alpha)}-X$-Bindung im Übergangszustand mehr als die $H-C_{(\beta)}$-Bindung gestreckt ist, andererseits ElcB-ähnliche E2-Reaktionen, wo wieder die $H-C_{(\beta)}$-Bindung im Übergangszustand etwas mehr als die $C_{(\alpha)}-X$-Bindung aufgelöst ist. Faktoren, die die „Feinstruktur" des Übergangszustandes bestimmen, sind offenbar zahlreich und noch nicht alle abgeklärt worden. So beklagen sich Alunni und Baciocchi[1], daß „trotz großer Anzahl an Arbeiten, die sich mit dem Mechanismus von E2-Eliminierungsreaktionen befassen, sehr wenig Auskunft über den Einfluß der *Basizität des Nukleophils* auf die Struktur des Übergangszustandes zur Verfügung steht".

Dies war für die genannten Autoren ein Anlaß, die E2-Eliminierung bei *p*-substituierten 2-Phenyläthylbromiden **1** mit Phenolat- und mit *p*-Nitrophenolation in Dimethylformamid kinetisch zu untersuchen. In diesem Lösungsmittel unterscheiden sich die zwei Nukleophile in ihrer Basizität um 6 Zehnerpotenzen. (Welches von den beiden ist übrigens eine stärkere Base und warum?)

$$X-C_6H_4-CH_2-CH_2-Br \qquad X = H, CH_3, OCH_3, Br$$

1

---

[1] Alunni, S., Baciocchi, E.: Tetrahedron Letters *1973*, 4665.

Das kinetische Studium ergab unter anderem die folgenden Resultate:

a) Die Geschwindigkeitskonstanten k_{E2} waren bei allen Substraten mit Phenolation ungefähr 10^5 größer als diejenigen mit *p*-Nitrophenolation.

b) Bei beiden Basen ließen sich die für die einzelnen Substrate **1** festgestellten Konstanten k_{E2} durch Hammett'sche Gleichung (unter Anwendung der den *p*-Substituenten entsprechenden σ-Konstanten) befriedigend korrelieren. Dabei ergab sich für die durch $C_6H_5O^-$ ausgelöste Reaktion eine positivere Reaktionskonstante ρ ($\rho = +2.64$) als für die Reaktion mit $p\text{-}NO_2C_6H_4O^-$ ($\rho = +1.84$).

Wir wissen, daß man nach dem Vorzeichen der Reaktionskonstante ρ den allgemeinen Charakter des Übergangszustandes der betreffenden Reaktion beurteilen kann. Auf was für eine Abhängigkeit der Stuktur des Übergangszustandes von der Basenstärke würden Sie in diesem Fall schließen?

28 Das Studium der bimolekularen Eliminierungen (E2) der letzten Jahre brachte unter anderem die Erkenntnis, daß es neben dem lange bekannten und gut dokumentierten *anti*-Mechanismus auch einen *syn*-Eliminierungsprozeß gibt und daß eine mechanistische *syn-anti*-Dichotomie nicht nur in Spezialfällen, sondern als eine allgemeine Erscheinung vorliegt. Der *syn*-Eliminierungsmechanismus scheint mit einer Neigung des Substrates zur ElcB-ähnlichen Eliminierung verbunden zu sein und kommt besonders oft vor, wenn zum Auslösen der Eliminierung Alkoholate in schwach ionisierenden Lösungsmitteln benutzt werden. Es zeigte sich weiter, daß dabei einer Ionenpaarung des Alkoholat-Anions mit seinem Gegenion (z. B. K^+) eine wichtige Rolle zukommt. Zavada und seine Mitarbeiter [2] und nach ihnen auch andere Autoren vermuten sogar, daß das Kation im Übergangszustand der Reaktion auch mit der Abgangsgruppe teilweise koordiniert und daß diese zweiseitige Koordination (einerseits mit dem Alkoholat, anderseits mit der Abgangsgruppe) die *syn*-Eliminierung zu einem cyclischen Prozeß formt:

Die Chance, einen solchen Übergangszustand zu erreichen, ist in schwach ionisierenden Medien allerdings größer als in Lösungsmitteln mit hohem Ionisierungsvermögen. In den letzteren wird die Bildung von Koordinationskomplexen durch gute Solvatisierung der Komponenten gestört.

In diesem Zusammenhang erschien 1972 ein interessanter Beitrag von Bartsch und Wiegers [3]. Diese Autoren spalteten aus *trans*-2-Phenylcyclopentyl-1-tosylat **1** ein Molekül *p*-Toluolsulfonsäure in zwei verschiedenen Versuchen ab: Einmal durch Einwirkung von Kalium-*tert*. butylat in *tert*. Butanol ohne jegliche weitere Zutaten, das andere Mal mit derselben Base in demselben Medium, jedoch mit Zusatz von „Kronenäther" **4**. In beiden Fällen resultierten Gemische der isomeren Phenyl-

---

[2] Závada, J., Svoboda, M.: Tetrahedron Letters *1972*, 23; Svoboda, M., Hapala, J., Závada, J.: ibid. *1972*, 265; Závada, J., Svoboda, M., Pánková, M.: ibid. *1972*, 711.

[3] Bartsch, R. A., Wiegers, K. E.: Tetrahedron Letters *1972*, 3819.

cyclopentene **2** und **3**, in denen jeweils eines der Produkte stark überwog. Interessanterweise war es jedoch in beiden Fällen nicht das gleiche Isomere.

Ihre (leichte) Aufgabe ist es nun zu entscheiden, welches der beiden Produkte, **2** oder **3**, vorherrschend *mit* und welches *ohne* Zusatz von Kronenäther ausgebildet wurde. Falls Ihnen der Begriff und die Funktion der Kronenäther nicht vertraut ist, wenden Sie sich entweder an das Problem 26 oder an die grünen Seiten.

29 Dimethyl-(pent-3-yl)-sulfoniumbromid **1** spaltete durch Einwirkung von Kalium-tert. butylat in *tert*. Butanol Dimethylsulfid ab und gab ein Gemisch von *cis*- und *trans*-2-Penten.

Zunächst dachte man an eine übliche 1,2-Eliminierung im Sinne des folgenden Schemas:

Als jedoch die Reaktion mit dem in β-Stellungen deuterierten Sulfoniumjodid **2** durchgeführt wurde [4], fand man 65% des abgespalteten Deuteriums in dem dabei

---

[4] Den Anlaß zu diesem Versuch gab das hohe *trans*:*cis*-Verhältnis im isolierten 2-Penten, welches mit den bekannten stereochemischen Gesetzmäßigkeiten der 1,2-Eliminierung unvereinbar war. Die Stereochemie der 1,2-Eliminierungen mit ihrer komplizierten Abhängigkeit vom Charakter der Base und des Reaktionsmediums ist ein Problem für sich, auf welches hier nicht eingegangen werden kann. Es wird nur am Rande in unserer Aufgabe 28 angesprochen.

entstandenen Dimethylsulfid (als $CH_3S \cdot CH_2D$). Die Eliminierung verlief also ungefähr zu zwei Dritteln nach einem anderen als dem synchronen 1,2-Eliminierungsmechansimus. Welcher Mechanismus war es denn?

$$CH_3-CD_2-\underset{\underset{\underline{2}}{(CH_3)_2S^+ \; I^-}}{CH}-CD_2-CH_3$$

30 Basische Eliminierungen bei quaternären Ammoniumionen sind allgemein synchrone E2-Reaktionen (a):

(a) E2:

Bei 2-Phenyläthyl-trimethylammoniumion 1 wurde der vorerst vorgeschlagene E2-Mechanismus später — wegen unrichtigen experimentellen Angaben — bezweifelt. Anstatt dessen wurde ein zweistufiger ElcB-Mechanismus (b) erwogen.

(b) E1cB:

2-Aryläthylammoniumionen können im Gegensatz zu rein aliphatischen Substraten dieser Art ihr Anion 2 konjugativ stabilisieren. Dies betrachtete man für den Grund für einen unterschiedlichen Reaktionsverlauf.

Um die Frage nach dem Mechanismus bei 1 definitiv abzuklären, haben Bourns und Mitarbeiter (1970) die Eliminierungsreaktion mit $C_2H_5O^-$ in C_2H_5OH an drei di-deuterierten Derivaten von 1, nämlich bei 3, 4 und 5, gründlich untersucht

Neben dem E2- und ElcB- sind von Bourns hauptsächlich noch zwei weitere Mechanismen in Erwägung gezogen worden: (c) Eine α', β-Eliminierung, bei der die Base an einer der Methylgruppen ein Proton abspaltet und das entstandene Anion einem cyclischen Zerfall unterliegt:

(c) α',β-E:

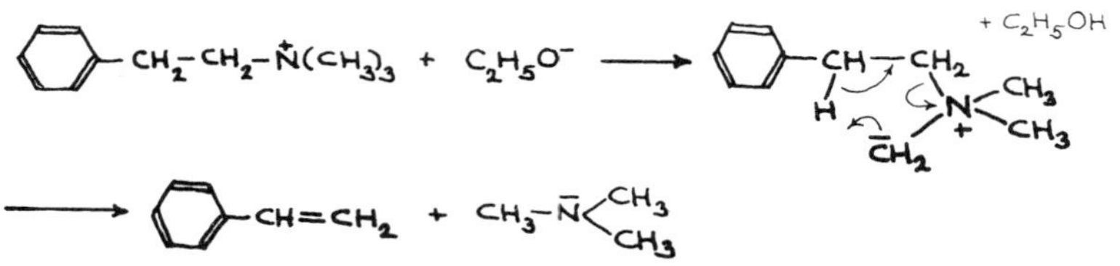

und (d) eine α-Eliminierung mit der Bildung eines Carbens, welches dann durch eine H-Verschiebung (von der β-Stellung) in das Endprodukt übergehen soll:

(d) α-E:

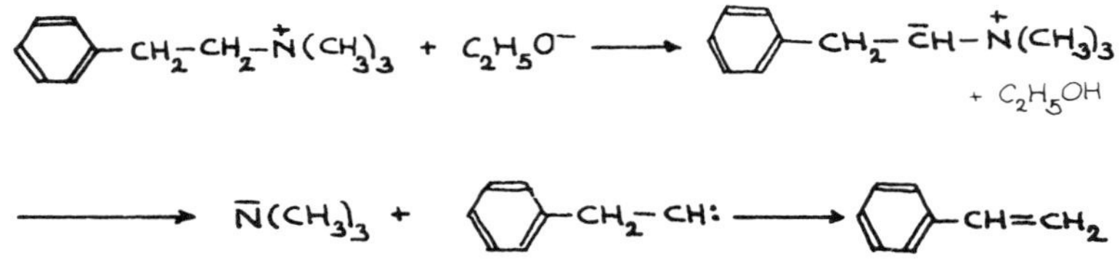

Die Untersuchung der Eliminierungsreaktion bei **3**, **4** und **5** ergab folgende Resultate:

1. Unter den Reaktionsbedingungen findet in der β-Stellung von **3** kein D-Austausch gegen H aus dem Medium statt. Als die Reaktion nach ungefähr 50% Umsatz abgebrochen und das regenerierte **3** auf den D-Gehalt analysiert wurde, war dieser gleich wie vor der Reaktion.
2. Auf eine ähnliche Weise konnte bei **4** kein D-Austausch aus der α-Stellung festgestellt werden.
3. Eine NMR-spektroskopische Untersuchung der gebildeten, deuterierten Styrole schloß jede H-, bzw. D-Verschiebung zwischen der α- und β-Stellung aus.
4. Das aus **3** abgespaltene Trimethylamin wies keine D-Anreicherung aus.
5. Aus dem Vergleich der Geschwindigkeitskonstanten von **1** und **3** ergab sich ein bedeutsamer Isotopeneffekt $k_H/k_D = 3.0$ (bei 50°C).
6. Auch bei Ersatz von ^{14}N gegen ^{15}N in **1** war ein Isotopeneffekt festzustellen.
7. Eine NMR-Analyse des Eliminierungsproduktes aus *threo*-**5** wies darauf hin, daß die Reaktion sterisch überwiegend als eine *anti*-Eliminierung ablief.

Auf welchen der vier erwähnten Mechanismen ((a)–(d)) deuten diese Ergebnisse hin ?

31 Eine bei Eliminierungs- und Fragmentierungsreaktionen immer wieder auftretende Frage ist die nach ihrer Konzertiertheit oder Nicht-Konzertiertheit: Erfolgen bei einem solchen Prozeß alle Bindungsänderungen gleichzeitig, in einem Schritt und in gegenseitigem Zusammenspiel (synchron, konzertiert), oder handelt es sich im gegebenen Fall um einen mehrstufigen Prozeß, in dem zuerst ein instabiles Zwischenprodukt entsteht, welches dann zum Endprodukt (oder zu Endprodukten) weiter zerfällt ? In der Fülle der Eliminierungs- und Fragmentierungsreaktionen gibt es allerdings genug Beispiele für beides.

Oft leistet das kinetische Studium der betreffenden Reaktion für die Beantwortung der Frage nach ihrem zeitlichen Verlauf wertvolle Dienste. So war es auch neulich bei 2,2-disubstituierten 3-Dimethylaminopropyl-1-benzoaten **1**, welche in 80% wässrigem Alkohol der folgenden Fragmentierung unterliegen:

$$[\text{CH}_3)_2\text{N}-\overset{R}{\overset{|}{\underset{R}{\text{CH}_2}}}-\overset{\beta}{\underset{R}{\overset{|}{\text{C}}}}-\overset{\gamma}{\text{CH}_2}-\text{O}-\overset{O}{\overset{\|}{\text{C}}}-\text{Ar} \longrightarrow$$

$$(\text{CH}_3)_2\overset{+}{\text{N}}=\text{CH}_2 + \overset{R}{\underset{R}{>}}\text{C}=\text{CH}_2 + {}^-\text{O}-\overset{O}{\overset{\|}{\text{C}}}-\text{Ar}$$

$$\downarrow \text{H}_2\text{O}$$

$$[R = \text{—}\langle\text{—}\rangle\text{—NO}_2]\qquad (\text{CH}_3)_2\text{NH} + \text{CH}_2=\text{O} \quad (+\text{H}^+)$$

Auch hier wollte man allerdings wissen, ob die Spaltung in einer Stufe (konzertiert, synchron, wie etwa in (a))

(a) [Mechanismus-Schema]

verläuft oder ob es sich um einen zweistufigen Prozeß, wie im folgenden Schema (b) gezeigt, handelt.

(b) [Mechanismus-Schema mit *langsam* und *schnell* Schritten]

Zur Abklärung dieser Frage ist die Reaktion bei einer Reihe in *p*-Stellung substituierter Benzoate kinetisch untersucht worden. Es zeigte sich dabei unter anderem, daß die Reaktionsgeschwindigkeit vom Charakter der Abgangsgruppe praktisch unabhängig ist: Das *p*-Nitrobenzoat reagierte nur 1,7mal schneller, das *p*-Methoxybenzoat nur unbedeutend langsamer (k_{rel} = 0,89) als das *p*-unsubstituierte Derivat.

Mit welchem der beiden erwähnten Mechanismen, dem einstufigen (a) oder dem zweistufen (b) verträgt sich dieser Befund besser?

32 Das folgende Problem veranschaulicht, wie manchmal nur eine Änderung des pH zu einem unterschiedlichen Reaktionsverlauf führt.

3-Chlor-1-adamantanol 1 wird durch mehrstündiges Erhitzen im eingeschmolzenen Rohr mit 80% wässrigem Äthanol auf 120°C zu einem Gemisch von 1,3-Adamantandiol 2 und 3-Äthoxy-1-adamantanol 3 solvolysiert. Die Gesamtausbeute an 2 und 3 ist praktisch quantitativ. Wird jedoch anstatt des erwähnten Mediums eine 0.1 N Lösung von NaOH in 80%-wässrigem Äthanol benutzt, so wird 1 schon bei 0°C innerhalb wenigen Stunden vollkommen verbraucht und es entsteht, wieder praktisch quantitativ, ein neues, von 2 und 3 völlig unterschiedliches Produkt 4 ($C_{10}H_{14}O$). Sein spektroskopisches Verhalten weist auf die Anwesenheit eines ketonischen Carbonyls und einer exocyclischen Methylen-Gruppe ($CH_2=C<$) hin.

Sie sollen nun auf Grund der erwähnten Angaben die durch die Base ausgelöste, schnelle Reaktion sowie die Struktur ihres Produktes 4 abklären.

33 Die betainartige Verbindung 2, ein Produkt der Diazotierung von Anthranilsäure 1, zersetzt sich schon bei mildem Erwärmen in aprotischen Medien (z. B. in siedendem Methylenchlorid) unter Entwicklung von Stickstoff und Kohlendioxid. In Anwesenheit von Anthracen entsteht dabei in guter Ausbeute (bis zu 75%) Triptycen 3, mit Furan im Reaktionsgemisch resultiert 1,4-Epoxy-1,4-dihydronaphthalen 4.

Was ist das gemeinsame, reaktive Zwischenprodukt für die Bildung von 3 und 4 ? Falls Sie diese Frage zu leicht finden, versuchen Sie das folgende Schema abzuklären:

34 Die Addition von Brom an *cis*-Cycloocten **1** (in Methylenchlorid bei −10°C) gibt hauptsächlich *trans*-1,2-Dibromcyclooctan **2** (73%), aber auch kleine Mengen von *cis*-(**3**; 14%) und *trans*-1,4-Dibromcyclooctan (**4**; 8%). Die letzteren zwei Produkte sind durch eine transannulare Wasserstoff-Verschiebung im Carbonium-Bromonium-Zwischenprodukt der Anlagerung (in unserem Schema als Bromoniumion **A** formuliert) entstanden.

Transannulare Wasserstoff-Verschiebungen dieser Art sind bei cyclischen Verbindungen mittlerer Ringgröße keine Seltenheit; sterische Bedingungen dafür sind hier besonders günstig.

Nun ist auch eine gewisse „Reversion" der erwähnten, transannularen Brom-Addition beschrieben worden: Beim Erhitzen der ätherischen Lösung von *cis*-1,4-Dibromcyclooctan **3** mit Magnesiumspänen entstand als Hauptprodukt *cis*-Cycloocten **1**. Versuchen Sie einen Mechanismus für diese Rückbildung von **1** aus **3** zu formulieren.

Polare Additionen an ungesättigte Systeme

35 Durch die Anlagerung von HCl an das optisch aktive 1-Methyl-2-methylen-norbornan 1 in Pentan bei tiefer Temperatur entstand das optisch aktive 1,2-Dimethyl-*exo*-2-norbornylchlorid 3.

Auf welche der beiden, oft diskutierten Strukturen des als Zwischenprodukt auftretenden Carboniumions, die „klassische" 2a- oder die „nicht-klassische" (überbrückte) 2b-Form, kann man hier auf Grund der Erhaltung der optischen Aktivität schließen?

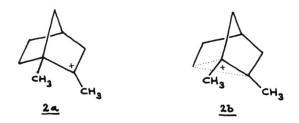

36 Die Addition von Brom an Allylbenzol 1 in Chloroform gibt das 2,3-Dibrom-1-phenylpropan 2 als einziges Reaktionsprodukt. Beim 4-Methoxy-1-allylbenzol 3 entsteht dagegen unter ähnlichen Bedingungen ungefähr ein 1:1-Gemisch des 2,3-Dibrom-1-(*p*-methoxyphenyl)-propans 4 und des umgelagerten 1,3-Dibrom-2-(*p*-methoxyphenyl)-propans 5. Wie kann man diesen, durch den Methoxy-Substituenten verursachten Unterschied im Reaktionsverlauf am besten erklären?

[Schemes with structures 1, 2, 3, 4, 5 showing bromination of allylbenzene and p-methoxyallylbenzene]

37 Der monocyclische, ungesättigte, allylische Alkohol 1 ($C_{21}H_{34}O$) verlor durch Einwirkung von Säuren schon bei milden Bedingungen ($SnCl_4$ in Nitroäthan bei $-78°C$ oder Trifluoressigsäure [1] in Pentan bei $-78°$ bis $-16°C$) die Elemente des Wassers und gab in guter Ausbeute einen einheitlichen Kohlenwasserstoff 2 ($C_{21}H_{32}$). Eine Eliminierung sollte den Ungesättigkeitsgrad (die Zahl der Mehrfachbindungen) des Produktes gegenüber dem des Ausgangsmaterials erhöhen. Dies war hier jedoch nicht der Fall; ganz im Gegenteil, 2 besaß nur noch zwei Doppelbindungen (und keine Dreifachbindung). Obwohl die Aufgabe ohne weitere Angaben nicht ganz eindeutig klingt, eine Struktur für 2 (vorläufig ohne Rücksicht auf die Stereochemie) zwingt sich doch auf.

[Structure of alcohol 1 with arrow labeled [H+], $-H_2O$ to 2]

38 Eine merkwürdige 1,4-Jodübertragung ist unlängst von Bryson [2] publiziert worden:

---

[1] Trifluoressigsäure ist dank dem polaren Effekt der drei Fluoratome eine außergewöhnlich starke Carbonsäure ($pK_a = 0.23$ bei $25°$; pK_a-Wert von Essigsäure beträgt bei $25°$ nur 4.76) und wird als solche oft benützt. Zu ihren Vorteilen zählt auch, daß sie (und ihr Anion) nur sehr schwach nukleophil ist und die von ihr katalysierten Prozesse durch Substitutionsreaktionen nicht kompliziert werden.

[2] Bryson, T. A.: Tetrahedron Letters *1973*, 4923.

Wie würden Sie diese hochstereospezifisch verlaufende Umwandlung erklären?

39 N-(*Trans*-cinnamyl)-*p*-nitrobenzamid 1 verbrauchte in Essigsäure bei 18°C schnell ein Mol-Äquivalent Brom und bildete in 76%iger Ausbeute das kristalline Hydrobromid des substituierten Dihydrooxazins 3. Aus der essigsauren Mutterlauge wurde anschließend noch das Dibromamid 2 (in 22% Ausbeute) isoliert.

Wie stellen Sie sich die Bildung von 2 und 3 genau vor? Vergessen Sie nicht, daß Ihre Lösung Rechnung tragen muß für die stereochemische Verwandtschaft beider Produkte.

40 Im Rahmen eines eingehenden Studiums der Solvolysereaktionen von Derivaten des Typs 1, die über Vinyl-Kationen 2 verlaufen können, untersuchten Hanack und Lamparter (1973, 1974) unter anderem auch die Solvolyse von 1,3-Cycloheptadienyl-2-trifluormethansulfonat **3** [3]. Nach viertägigem Erhitzen von **3** auf 100°C in 60% wässrigem Äthanol mit überschüssigem Triäthylamin als Puffer (zum Abfangen der bei der Solvolyse freigesetzten Trifluormethansulfonsäure) entstanden die für einen Vinylkation-Mechanismus zu erwartenden Produkte: 2-Cyclohepten-1-on **4** (70%) und 2-Äthoxy-1,3-cycloheptadien **5** (27%). Die noch „fehlenden" 3% im Gesamtprodukt kamen einer schon weniger erwarteten Substanz, nämlich 1-Acetyl-1-cyclopenten **6**, zu.

Bei einer auf 140°C erhöhten Solvolysetemperatur wurde das ringverengte Keton **6** sogar zum Hauptprodukt: Die gas-chromatographisch ermittelte Zusammensetzung des Gesamtproduktes war nun 32% **4**, 13% **5** und 55% **6**. **6** scheint dabei hauptsächlich auf Kosten des 2-Cyclohepten-1-ons **4** entstanden zu sein. Dies konnte dann auch weiter experimentell erhärtet werden. Wurde nämlich **4** eine Woche lang in Anwesenheit von Triäthylamin in 60% wässrigem Äthanol auf 140° erhitzt, so zeigte die chromatographische Analyse als einziges Reaktionsprodukt das 1-Acetylcyclopenten **6**.

Nun sollte allerdings diese interessante Umlagerung von **4** zu **6** auch mechanistisch erklärt werden. Die Autoren erwogen zuerst ein attraktives Schema mit einer intramolekularen Michael-Addition:

---

[3] Obwohl für die Lösung unseres Problems unwichtig, sei doch bemerkt, daß eine gute Abgangsgruppe X für die Bildung von Vinylkationen in Solvolysen von **1** entscheidend ist. Am besten hat sich die Trifluormethansulfonat-(Triflat-) und die Nonafluorbutansulfonat-(Nonaflat-) Gruppe bewährt.

Sie mußten jedoch diese Vorstellung bald wieder verlassen, denn erstens war die intramolekulare Cyclisierung aus Gründen der Orbital-Symmetrie, sowie aus sterischen Gründen wenig wahrscheinlich, und zweitens lagerte Bicyclo[3.2.0]heptanon-6 (7) (das den Anionen 7a bzw. 7b entsprechende Keton) unter den oben beschriebenen Solvolysebedingungen nicht zu 6 um.

Es bietet sich jedoch noch eine andere, vielleicht etwas weniger elegante, aber umso wahrscheinlichere Lösung an, wie 4 unter den gegebenen Bedingungen in 6 übergeführt werden kann.

41 Eine oft benutzte Methode zur Herstellung von Olefinen aus Aldehyden, bzw. Ketonen ist die Kondensation von Carbonylverbindungen mit einem Phosphor-Ylid (Phosphoran).

Die benötigten Phosphorane werden aus den entsprechenden Phosphoniumsalzen durch Einwirkung von Basen, meistens *in situ*, freigesetzt. Dazu eignen sich besonders gut die aus Alkylhalogeniden und Triphenylphosphin entstehenden Alkyltriphenylphosphoniumsalze.

Diese *Wittig'sche Olefinierung* wollten auch Janistyn und Hänsel [4] von der Universität Freiburg i.Br. zur Synthese von (spezifisch ^{14}C-markiertem) 3-Methyl-3-buten-1-ol **1** aus dem leicht erhältlichen 4-Hydroxy-2-butanon **2** benutzen.

Als sie jedoch den Tetrahydropyranyläther **3**[5] in Dimethylsulfoxid mit Methyltriphenylphosphoniumbromid **4** und Natriumhydrid umsetzten, konnten sie anstatt des gewünschten Äthers **5** in hoher Ausbeute das 5-Hexen-1-ol **6** isolieren.

Wie ist dieses unerwartete Resultat zu erklären?

42 Welche der folgenden Ester werden leicht und welche schwierig *alkalisch* hydrolysiert?

---

[4] Janistyn, B., Hänsel, W.: Chem. Ber. *108*, 1036 (1975).

[5] Die Tetrahydropyranylgruppe wurde zum Schutze des alkoholischen Hydroxyls durch Einwirkung von 2,3-Dihydropyran auf **2** eingeführt.

43 Aus einem Gemisch von Anilin und α-Angelicalacton 1 scheidet sich schon bei Raumtemperatur bald eine kristalline Verbindung **A** der Zusammensetzung $C_{11}H_{13}NO_2$ aus. Dieselbe Verbindung erhält man auch aus N-Phenylsuccinimid 2 mit Methylmagnesiumbromid (nach wässriger Aufarbeitung).

Das IR-Spektrum von **A** (in $CHCl_3$) weist im Absorptionsbereich der Carbonyl-Gruppen eine bei $1710\ cm^{-1}$ und eine bei $1685\ cm^{-1}$ liegende Bande auf. Im NMR-Spektrum (in $CDCl_3$) findet man neben anderen Signalen ein CH_3-Singulett bei $\delta = 2.1$ ppm und ein breites Ein-Protonen-Signal bei $\delta = 8.2$ ppm (dieses läßt sich mit D_2O austauschen).

Durch Filtration einer Chloroform-Lösung von **A** durch eine mit einem stark sauren Ionenaustauscher gefüllte Kolonne entsteht in hoher Ausbeute eine neue, kristalline Verbindung **B**, deren IR-Spektrum nur eine CO-Absorptionsbande bei $1680\ cm^{-1}$ aufweist. Im NMR-Spektrum von **B** liegt nun ein CH_3-Singulett bei $\delta = 1.32$ ppm und ein Ein-Protonen-Signal bei $\delta = 4.6$ ppm. Die Elementaranalyse und das Massenspektrum zeigen, daß **B** mit **A** isomer ist. **B** kann auch in **A**, z. B. durch Filtration mit Methanol über Kieselgel, zurückverwandelt werden.
Welches sind die Strukturen von **A** und **B** ?

44 Die folgende kurze Geschichte soll die wichtige Rolle dokumentieren, die kinetischen Daten bei der Entscheidung über den Reaktionsmechanismus zukommen kann. Der p-Nitrophenylester der o-Aminophenylcarbaminsäure 1 gab bei der Hydrolyse in einem breiten pH-Bereich immer p-Nitrophenol und das cyclische Harnstoffderivat (Bezimidazolon) 2.

[Reaction scheme: compound **1** (o-aminophenyl carbamate of p-nitrophenol) → in H₂O–THF, pH 5–8 → compound **2** (benzimidazolinone) + p-nitrophenol]

Eine Vorstellung zwingt sich da gleich auf: Ein intramolekularer, nukleophiler Angriff der sterisch ideal gelegenen, *o*-ständigen Aminogruppe am Carbonyl, mit nachfolgender Eliminierung des *p*-Nitrophenolations aus dem gebildeten, tetrahedralen Zwischenprodukt.

(a) [Mechanism scheme showing intramolecular attack of o-NH₂ on carbonyl, tetrahedral intermediate, then elimination of p-nitrophenolate to give **2** + p-nitrophenol]

Diese Erklärung war jedoch mit den kinetischen Daten unvereinbar. Die Bildung von 2 erwies sich nämlich als eine Reaktion 1. Ordnung bezüglich HO⁻-Ionen (dies auch bei relativ niedrigen pH-Werten von 5–8).

$$\frac{d\underline{2}}{dt} = k_2 [\underline{1}][HO^-]$$

Eine solche Abhängigkeit ist bei basischen Ester-Hydrolysen üblich, die über tetrahedrale Additions-Zwischenprodukte des folgenden Typs (b) ablaufen.

(b)
$$R-\underset{HO^-}{\overset{O}{\underset{\|}{C}}}-OR' \rightleftharpoons R-\underset{OH}{\overset{O^-}{\underset{|}{C}}}-OR' \rightleftharpoons R-\underset{OH}{\overset{O}{\underset{\|}{C}}} + {}^-OR'$$
$$\searrow$$
$$R-\underset{O}{\overset{\|}{C}}-O^- + R'OH$$

Ein Mechanismus dieser Art müßte hier jedoch zu einem anderen Produkt als 2, nämlich dem *o*-Phenylendiamin 4 (*via* Carbaminsäure 3 und Decarboxylierung) führen.

[Reaktionsschema (b): Zwischenprodukt zerfällt in p-Nitrophenolat + Carbaminsäure-Derivat **3**, welches unter $-CO_2$ zu Diamin **4** wird]

Auch bei einem anderen, der festgestellten Kinetik entsprechenden Mechanismus, d. h. bei einem $S_N 2$-Angriff von HO^- am Carbamat-Kohlenstoffatom mit direkter Verdrängung des *p*-Nitrophenolat-Ions könnte nur **4**, nicht jedoch **2** als Produkt resultieren (c).

[Reaktionsschema (c): HO^--Angriff am Carbamat-C, Abspaltung von p-Nitrophenolat, Bildung von **3**, dann $-CO_2$ zu **4**]

Kennen Sie vielleicht eine Lösung, die die Kinetik der Reaktion mit dem Produkt vereinbart? In anderen Worten: Wie kann das HO^--Ion die Bildung von **2** aus **1** auslösen?

45 Durch Erhitzen von 3-Hydroxy-2-oxoindolin **1** in Dimethylformamid mit überschüssigem Methylisocyanat in Anwesenheit von 1,4-Diazabicyclo[2.2.2]octan als Base entstand ein nicht ganz erwartetes Produkt: das Harnstoffderivat **3**. Bei **3** handelte es sich allerdings um kein Primärprodukt. Unter milderen Bedingungen (bei 30°C) konnte eine mit **3** isomere Substanz **2** kristallin gefaßt werden, die beim Erhitzen mit Base in Dimethylformamid in **3** überging [6]. Was für eine Struktur hatte **2** und wie ist **3** daraus entstanden?

[Reaktionsschema: **1** (3-Hydroxy-2-oxoindolin) + CH_3-NCO in DMF → **2** → **3** (mit $CH_3-NH-C=O$ Gruppe)]

46 Carbonsäureester können — außer durch die übliche saure oder basische Hydrolyse — auch durch Erhitzen mit Lithiumhalogeniden oder Natriumcyanid in polaren, aprotischen Lösungsmitteln, z. B. in Hexamethylphosphorsäuretriamid (HMPT), *via* Alkalisalze in die entsprechenden Carbonsäuren übergeführt werden. Am leichtesten werden auf diese Weise Methylester gespalten; Äthylester reagieren wesentlich langsamer und bei Isopropyl- und *tert*. Butylestern ist die Spaltung

---

[6] Petersen, S., Heitzer, H.: Synthesis *1974*, 494.

schon so langsam und uneinheitlich, daß ihr keine präparative Bedeutung mehr zukommt. Dieser Reaktivitätsunterschied kann zur selektiven Spaltung von Methyl- neben Äthyl- und anderen Alkylestern ausgenützt werden. Ein weiteres Charakteristikum ist, daß die Reaktion auch bei sterisch gehinderten Methylestern des Typs des Methylmesitoates 1 ohne Schwierigkeiten abläuft.

Welchen Mechanismus schlagen Sie für diese Ester-Spaltung vor? Welche (offenbar sehr wichtige) Rolle kommt dabei den polaren, aprotischen Lösungsmitteln zu?

47 α-Methylen-ketone sind aus Ketonen durch Kondensation mit Formaldehyd erhältlich. Bei unsymmetrischen Ketonen (R^1 und R^2 verschieden) entstehen allerdings meistens Gemische der beiden möglichen Isomeren:

Eine vor kurzem publizierte, regiospezifische (d. h. nur zu einem Isomeren führende) Synthese von α-Methylen-ketonen 3 geht von Acylessigsäure-methylestern 1 aus und besteht aus folgenden Schritten[7]:

Um welchen Reaktionstyp handelt es sich beim letzten Schritt des Schemas (2 → 3)?

---

[7] Miller, R. B., Smith, B. F.: Tetrahedron Letters *1973*, 5073.

48 Eine neue, von Stetter und Schreckenberg an der Technischen Hochschule in Aachen ausgearbeitete Methode zur Herstellung von 1,4-Diketonen besteht in Anlagerung eines aromatischen, bzw. heteroaromatischen Aldehyds an ein α,β-ungesättigtes Keton. Die Reaktion wird durch katalytische (0.1–0.5 Mol-Äquivalent) Mengen von Natriumcyanid in Dimethylformamid ausgelöst. Die Ausbeuten sind meistens hoch[8].

$$\text{Ph-CH=O} + \text{CH}_2=\text{CH-C(O)-CH}_3 \xrightarrow[\text{1 Stunde 35°C}]{\text{NaCN in (CH}_3)_2\text{N-CHO}} \text{Ph-C(O)-CH}_2\text{-CH}_2\text{-C(O)-CH}_3 \quad 82\%$$

Sie sollen nun den Mechanismus dieser *polaren* 1,4-Addition erläutern. Im Falle ernsterer Schwierigkeiten ist für Sie im grünen Teil ein Wink vorbereitet.

49 Obwohl das folgende Problem keiner mechanistischen Studie entnommen wurde, kann es vielleicht doch gut als Prüfstein Ihres Gefühls für organische Mechanismen dienen.

Durch die Umsetzung von Acetondicarbonsäure-diäthylester **1** mit zwei Äquivalenten Brommethacrylsäure-äthylester **2** und etwas mehr als zwei Mol-Äquivalenten Natriumäthylat in Äthanol entstand die Verbindung **4**, die sauer zur Tetracarbonsäure **5** hydrolysiert wurde. Bei einem 1:1:1-Verhältnis der Reaktionskomponenten konnte die Verbindung **3**, die ein Zwischenprodukt auf dem Wege zu **4** darstellt, in guter Ausbeute isoliert werden[9]. Welches sind die Strukturen von **3**, **4** und **5** und welches die Reaktionen, durch die sie entstanden?

$$\begin{array}{c} \text{CH}_2\text{-COOC}_2\text{H}_5 \\ | \\ \text{C=O} \\ | \\ \text{CH}_2\text{-COOC}_2\text{H}_5 \end{array} + 2 \begin{array}{c} \text{Br-CH}_2 \\ | \\ \text{CH}_2=\text{C-COOC}_2\text{H}_5 \end{array} \xrightarrow[\text{C}_2\text{H}_5\text{OH}]{2\ \text{C}_2\text{H}_5\text{ONa}} [\text{C}_{15}\text{H}_{22}\text{O}_7]$$

1   **2**   **3**

$$\longrightarrow \text{C}_{21}\text{H}_{30}\text{O}_9 \xrightarrow[\text{Rückfluss}]{20\% \text{ HCl}} \text{C}_{13}\text{H}_{14}\text{O}_9$$

4   **5**

---

[8] Stetter, H., Schreckenberg, M.: Chem. Ber. *107*, 2453 (1974).

[9] Stetter, H., Elfert, K.: Synthesis *1974*, 36.

Polare aromatische Substitutionen

50 Bei der Nitrierung von N-Benzylanilin 1 kann die Substitution durch die Wahl des Nitrieragens – Acetylnitrat in Essigsäureanhydrid [1] oder HNO$_3$ in Schwefelsäure – entweder in den Anilin- oder den Benzyl-Teil des Moleküls dirigiert werden. Wo tritt die Nitrierung mit welchem Reagens ein und vor allem warum?

51 Durch kompetitive Nitrierung mit Acetylnitrat in Methylenchlorid bei −25°C wurden für eine Reihe alkylsubstituierter Benzole folgende relative Geschwindigkeitskonstanten ermittelt[2]:

$k_{rel.}$: 1 = 1.0; 2 = 89; 3 = 56; 4 = 912; 5 = 373; 6 = 161; 7 = 3290; 8 = 1250; 9 = 2380

---

[1] Acetylnitrat wird hier *in situ* aus HNO$_3$ und überschüssigem Acetanhydrid hergestellt:

$$HNO_3 + (CH_3CO)_2O \rightleftharpoons CH_3CO\text{-}O\text{-}NO_2 + CH_3COOH$$

[2] Es wurde immer ein Gemisch von zwei Kohlenwasserstoffen in bestimmtem Verhältnis mit einer definierten, zur vollkommenen Nitrierung unzureichenden Menge Acetylnitrat bei −25°C in Methylenchlorid behandelt und das Gesamtprodukt, nach üblichem wässrigem Aufarbeiten, gaschromatographisch unter Benutzung der zu erwartenden Nitroderivate als Standards quantitativ analysiert. Aus den so ermittelten Werten konnte die relative „Nitrierbarkeit", d. h. die relativen Reaktionsgeschwindigkeiten der einzelnen Kohlenwasserstoffe, berechnet werden[3].

Es ergibt sich aus diesen Zahlen, daß der Cyclopropylsubstituent einen stark beschleunigenden Effekt auf die elektrophile Substitution ausüben kann (er wirkt z. B. viel stärker als die Isopropylgruppe; vgl dazu 3 und 4), daß dieser Effekt jedoch nicht immer voll zum Ausdruck kommt. So bringt die Einführung des Cyclopropyls in die 2-Stellung von 1,3-Dimethylbenzol nur eine Verdoppelung der Nitriergeschwindigkeit (8, 9). Geradezu verblüffend ist der Unterschied der Geschwindigkeiten jedoch bei den isomeren Kohlenwasserstoffen 6 und 7. Obwohl der zusätzliche polare Effekt der zwei Methylgruppen auf die Nitrierungsgeschwindigkeit in beiden Verbindungen ungefähr gleich und relativ klein sein sollte, wird 7 zwanzigmal schneller als 6 nitriert. Ein Vergleich mit unsubstituiertem Cyclopropylbenzol 4 zeigt, daß bei *syn*-(*cis*-2,3-Dimethylcyclopropyl)-benzol 6 der beschleunigende Effekt der Cyclopropylgruppe nur teilweise, beim *anti*-Isomeren 7 dagegen voll entwickelt ist. Die Autoren der Arbeit, Stock und Young von der University of Chicago [3], sehen die Erklärung für die unterschiedliche Auswirkung des Cyclopropylsubstituenten in den erwähnten Fällen (6–7 und 8–9) in sterischer Hinderung bestimmter, für die Beschleunigung der Nitrierung durch die Cyclopropylgruppe wichtiger Konformationen. Welche Konformationen werden gemeint und warum sind sie für die bobachtete Beschleunigung des S_EAr-Prozesses so wichtig?

52 Starke, wasserfreie Säuren lösen bei Polymethylbenzolen Wanderung der Methylgruppen aus. So entstehen aus *o*-, bzw. *p*-Xylol durch Einwirkung von HF + BF$_3$, HBr + AlBr$_3$ usw. Gemische von allen drei Dimethylbenzolen, in denen immer das *m*-Isomere überwiegt. Bei hohen Säurekonzentrationen ist *m*-Xylol sogar praktisch das einzige Produkt.

Eine der meist akzeptierten Erklärungen dieser Umlagerung geht davon aus, daß durch Protonanlagerung an das aromatische System des Kohlenwasserstoffes zuerst ein σ-Komplex entsteht, und daß die eigentliche Alkylwanderung erst in diesem Kation erfolgt.

Formulieren Sie diese mechanistische Vorstellung für die Isomerisierung *p*-Xylol → *m*-Xylol!

53 Im Zusammenhang mit der säurekatalysierten Isomerisierung der Xylole (vgl. das vorangehende Problem) drängt sich eine weitere, interessante Frage auf: Warum entsteht überwiegend *m*-Xylol?

---

[3] Stock, L. M., Young, P. E.: J. Amer. Chem. Soc. *94*, 4247 (1972).

Wie gezeigt, ist der Isomerisierungsprozeß reversibel, und das Endergebnis (das Verhältnis $o:m:p$-Xylol im Produkt) spiegelt offenbar die relativen thermodynamischen Stabilitäten der protonierten Xylole, d. h. der den einzelnen Isomeren entsprenden σ-Komplexe, wider.

Die Protonierung des aromatischen Systems kann bei Benzolhomologen entweder an den Alkyl-tragenden oder an den unsubstituierten Kohlenstoffatomen erfolgen. Es scheint, daß für die Beurteilung der Stabilität diejenigen σ-Komplexe, die durch Protonierung der unsubstituierten Stellungen entstehen, von größerer Bedeutung sind. Beim protonierten m-Xylol z. B. sind also die Komplexe **2b** und **2c** wichtiger als der Komplex **2a**.

Die höhere Stabilität des protonierten m-Xylols im Vergleich mit den σ-Komplexen des o- und p-Isomeren kann u. a. mit Hilfe des *hyperkonjugativen Effektes der Methylgruppen* erklärt werden. Wie ?

54 Durch Zugabe einer äquimolaren Menge von CH_3ONa zum 1-(N-Methyl-2'-hydroxyäthylamino)-2,4,6-trinitrobenzol **1** in Methanol färbt sich die Lösung augenblicklich tief rot. Einengen und Versetzen des Rückstandes mit Äther führt zu einem kristallinem Salz (2) der Zusammensetzung $C_9H_9O_7N_4Na$ (es kristallisiert mit $1/2\,(C_2H_5)_2O$), welches für die Farbe der Lösung verantwortlich ist: In Methanol absorbiert es bei λ_{max} 421 nm (ϵ 26100) und 490 nm (ϵ 16800). Das IR-Spektrum (in Nujol) weist unter anderem zwei starke und breite Absorptionsbanden bei 1220 und 1516 cm^{-1} auf (in **1** absorbieren die Nitrogruppen bei 1332 und 1516 cm^{-1}). Wird eine methanolische Lösung von **2** mit HCl in CH_3OH angesäuert, so schlägt die Farbe von rot nach gelb um und man kann in hoher Ausbeute die Ausgangsverbindung **1** zurückgewinnen. Welches ist die Struktur von **2** ?

55 Die Reaktion von 1-Fluor-2,4-dinitrobenzol **1** mit Piperidin zu **2** wird in Benzol durch Zugabe von Phenolen beschleunigt. Dabei ist die Größe des katalytischen Effektes von der relativen Acidität der Phenole weitgehend unabhängig. Einen besonders starken, beschleunigenden Effekt übt α-Hydroxypyridin (≡ 2-Pyridon) 3 aus.

Pietra und Vitali[4] schließen daraus, daß das Fluor bei seinem Abgang im zweiten Schritt der nukleophilen aromatischen Substitution an den sauren Katalysator gebunden wird und daß es sich in den beschriebenen Fällen um eine bifunktionell katalysierte Protonübertragung handelt. Versuchen Sie die mechanistische Vorstellung dieser Autoren durch ein detailliertes Schema wiederzugeben!

---

[4] Pietra, F., Vitali, D.: Tetrahedron Letters *1966*, 5701; J. Chem. Soc. (B) *1968*, 1318; J. C. S., Perkin *II*, 385 (1972).

Polare Umlagerungen

56 Im Zusammenhang mit der Totalsynthese des kompliziert gebauten Alkaloids Ryanodin berichteten Wiesner und Mitarbeiter[1] über eine nicht nur synthetisch, sondern auch mechanistisch interessante Umwandlung des Alkohols 1 (wahrscheinlich als Epimerengemisch) zum Keton 2. Die Reaktion wird durch Ameisensäure in Tetrahydrofuran schon bei Raumtemperatur ausgelöst und gibt 2 nach wiederholter Umkristallisierung in beneidenswerter Ausbeute von 80%.

Die Autoren der Arbeit sprechen von einer „vinylogen Wagner-Umlagerung", wobei sie allerdings den ganzen Prozess nicht unbedingt für synchron halten. Wie soll man sich diese Umlagerung vorstellen?

57 Das substituierte Cyclopropylmethylketon 1 wird in Benzol oder in Nitromethan bei 25°C in Anwesenheit von Zinntetrachlorid (dieses wirkt als Lewissche Säure) in ein Gemisch von drei Produkten, 2, 3 und 4, umgewandelt.

---
[1] Wiesner, K., Ho, P.-T., Ohtani, H.: Can. J. Chem. *52*, 642 (1974).

Die Autoren der Arbeit[2] schlagen einen Mechanismus vor, der alle drei Produkte von demselben, instabilen Zwischenprodukt ableitet. In der Regel sollte ein mechanistischer Vorschlag nicht ausschließlich durch die Struktur der Reaktionsprodukte begründet, sondern durch weitere Daten erhärtet werden. Die vorgeschlagene Erklärung klingt jedoch schon jetzt so natürlich und überzeugend, daß Sie den Mechanismus auch aus den spärlichen Angaben sicher selber ableiten können. Nur müssen Sie sich gut überlegen, wo der saure Katalysator, der den ganzen Prozeß auslöst, das Molekül des Ausgangsstoffes am wahrscheinlichsten angreift und welche Bindungsänderungen dies zur Folge haben kann.

58 Im Laboratoire des Carbocycles der Université de Paris-Sud, wo man offenbar bei langsameren Reaktionen nicht gleich die Geduld verliert, ist unlängst die folgende Beobachtung gemacht worden[3]:

Wie kann diese interessante Ringverengung erklärt werden?

59 Das aus Bicyclo[3.2.0]hept-2-en-6-on 1 durch Bromaddition erhältliche Dibromketon 2 gab mit überschüssigem Natriumäthylat als einziges Produkt 5-*endo*-Brom-7-*anti*-äthoxy-bicyclo[2.2.1]heptan-2-on 3.

Wie ist die mit Skelettumlagerung verbundene Bildung von 3 aus 2 zu verstehen?

60 Die Diazotierung von vicinalen Aminoalkoholen ist seit 100 Jahren geschätzte Methode zur Verengung von alicyclischen Ringen um ein Glied. Man kann z. B. 2-Amino-1-cyclohexanol 1 (und zwar sowohl das *cis*- als auch das *trans*-Isomere) durch Behandlung mit wässriger salpetriger Säure in Cyclopentan-carboxaldehyd 2 überführen.

---

[2] Grieco, P. A., Finkelhor, R.S.: Tetrahedron Letters *1974*, 527.
[3] Barnier, J. P., Denis, J. M., Salaun, J. R., Conia, J. M.: J. C. S., Chem. Comm. *1973*, 103.

Der Aldehyd **2** ist jedoch nicht das einzige Produkt der Reaktion: Aus *cis*-**1** wird noch Cyclohexanon **3**, aus *trans*-**1** neben **2** auch etwas Cyclohexen-1,2-oxid **4** gebildet.

Die Ringverengung ist als Folge einer C-C-Bindungswanderung bei der Zersetzung des intermediär gebildeten, instabilen Diazoniumions zu verstehen. Das folgende Schema zeigt diesen Vorgang zuerst ohne Berücksichtigung der Stereochemie.

Erst neulich ist gezeigt worden, daß eben die Stereochemie des Ausgangsmaterials, bzw. des entsprechenden Diazoniumions für das Endergebnis entscheidend ist. Eine Ringverengung tritt nur dann ein, wenn die zu migrierende C-C-Bindung zu der aufzulösenden C-N_2^+-Bindung antiperiplanar liegt, z. B.:

Falls die $C_{(2)}$-$C_{(3)}$-Bindung diese sterische Bedingung nicht erfüllt, so nimmt entweder die zu $C_{(1)}$-N_2^+ antiperiplanare $C_{(2)}$-H-Bindung oder die antiperiplanar liegende OH-Gruppe am $C_{(2)}$ an der Reaktion teil. Auf diese Weise werden in unserem Beispiel das Cyclohexanon und das Cyclohexen-1,2-oxid gebildet.

Zu diesem Schluß kamen Chérest und Mitarbeiter[4] auf Grund von Diazotierung der isomeren 4-Hydroxy-3-amino-1-*tert.*butylcyclohexane 5–8. Der *tert.* Butyl-Substituent diente hier dazu, das jeweilige Isomere in einer einzigen Konformation, nämlich derjenigen, bei der die *tert.* Butyl-Gruppe äquatorial lag, „einzuschließen". Dieses konformationelle „Einfrieren" von 5–8 hatte eine interessante Folge: Jedes der vier Isomeren gab bei der Diazotierung nur ein einziges Endprodukt, wobei in zwei Fällen das Produkt gleich war.

Nachdem Sie jetzt die stereochemischen Gesetzmäßigkeiten der Reaktion kennengelernt haben, dürfte es Ihnen nicht schwer fallen, die einzelnen Produkte der Diazotierung von 5, 6, 7 und 8 aufzuschreiben.

61 In den Fünfzigerjahren wurde in Japan und praktisch gleichzeitig auch in den USA eine interessante Umwandlung von 2-Alkylpyridin-N-oxiden 1 entdeckt: Durch Erhitzen mit Carbonsäureanhydriden auf 100–140°C gehen sie in α-Acyloxy-substituierte 2-Alkylpyridine 3 über.

Für diese präparativ bedeutsame Reaktion wurden in den folgenden Jahren mehrere Mechanismen vorgeschlagen. Die meisten Vorschläge operierten mit einem als „Dehydrobase" bezeichneten Zwischenprodukt 2 und unterschieden sich voneinander erst im vermuteten Schicksal dieses Zwischenproduktes bei seiner Isomerisierung zu 3.

---

[4] Chérest, M., Felkin, H., Sicher, J., Šipoš, F., Tichý, M.: J. Chem. Soc. *1965*, 2513.

1. Am attraktivsten war ohne Zweifel die Vorstellung einer intramolekularen, cyclischen Umlagerung von 2 zu 3:

2. Ein anderer Vorschlag bevorzugte eine intermolekulare Reaktion zwischen 2 und dem Carboxylation:

3. Zur Erklärung der oft beobachteten Induktionsperiode und der Tatsache, daß aus zugesetztem Styrol während der Reaktion Polystyrol entstand, wurde weiter ein Radikal-Ketten-Mechanismus formuliert.

4. Eine gewisse Variante des letzteren Mechanismus ist die Isomerisierung von 2 zu 3 in einem im Lösungsmittel-Käfig eingeschlossenen Radikal-Paar:

5. Schließlich ist ein ähnliches Schema, jedoch mit einem intimen Ionen-Paar (anstatt Radikal-Paar), vorgeschlagen worden:

Nicht alle diese Vorstellungen erwiesen sich allerdings als richtig. Und da kommen wir zu Ihrer Aufgabe:

Welche der oben erwähnten Vorschläge würden Sie auf Grund der folgenden Angaben als unrichtig oder unwahrscheinlich ausscheiden?

a) Beim Erhitzen von 2-Methylpyridin-N-oxid (1, R=H) mit Acetanhydrid in Anwesenheit von Styrol wird durch Zusatz von Radikal-Abfängern, z. B. p-Benzochinon oder Dinitrobenzol, die Bildung von Polystyrol vollkommen unterbunden, diejenige von 2-Acetoxymethylpyridin (3, R=H) jedoch nur etwas verlangsamt.

b) Durch Erhitzen von 2-Methylpyridin-N-oxid mit Buttersäureanhydrid in Anwesenheit von Natriumacetat entsteht nur 2-Butyroxymethyl- und kein 2-Acetoxymethylpyridin.

c) 2-Methylpyridin-N-oxid (mit „normalem" ^{16}O) wurde mit einer äquimolekularen Menge mit ^{18}O in allen drei Sauerstoffstellungen angereicherten Acetanhydrids erhitzt. Im so entstandenen 2-Acetoxymethylpyridin war der radioaktive Sauerstoff ^{18}O auf beide Sauerstoffstellungen praktisch gleichmäßig verteilt.

Es sei noch dazugefügt, daß unter den Versuchsbedingungen kein ^{18}O-Austausch zwischen 2-Acetoxymethylpyridin und dem markierten Acetanhydrid nachgewiesen werden konnte.

62 Wie seit 1894 bekannt, entsteht durch Erhitzen von Phenylhydroxylamin 1 mit verdünnter, wässriger Schwefelsäure — neben kleineren Mengen anderer Produkte — das mit 1 isomere p-Aminophenol 2.

Schon um die Jahrhundertwende hat einer der Großen der klassischen Organischen Chemie, E. Bamberger, wie er selber schreibt, von seinen Assistenten „auf's eifrigste und geschickteste unterstützt", diese Umlagerung sehr gründlich untersucht und die meisten für die Abklärung ihres Mechanismus nötigen Angaben angesammelt. Seine Deutung des Reaktionsverlaufes brauchte später nur eine gewisse Modernisierung, um den heutigen Anschauungen zu entsprechen[5].

Einen interessanten Spezialfall fand Bamberger bei *p*-alkylierten Phenylhydroxylaminen, z. B. bei 3. Hier entstanden – „von der reichlichen Harzbildung abgesehen" – unter Abspaltung von Ammoniak und Wanderung der Alkylgruppe alkylsubstituierte Hydrochinone des Typs 4[6].

Wie stellen Sie sich die Bildung von 4 aus 3 vor?

Es wäre allerdings unfair, Ihnen einige weitere Befunde Bamberger's über diese Reaktion zu verheimlichen. Da sind sie:

a) Mit kalter, verdünnter Schwefelsäure entstand aus 3 in guter Ausbeute das Chinol 5, welches mit heißer, wässriger H_2SO_4 zu 4 isomerisierte:

b) Mit kalter äthanolischer Schwefelsäure gab 3 den Chinolimin-äther 6; dieser wurde durch heißes Wasser zum entsprechenden Chinol-äther 7 hydrolysiert, welcher auch direkt aus 3 mit heißer, alkoholischer Säure entstand[7]:

---

[5] Siehe z. B. die schöne Abhandlung über die Bambergersche Reaktion in Shine, H. J.: Aromatic Rearrangements, S. 182 u. ff. Amsterdam: Elsevier. 1967.

[6] Bamberger, E., Brady, F.: Ber. *33*, 3642 (1900).

[7] Bamberger, E.: Ber. *40*, 1906, 1918 (1907).

Fast fünfzig Jahre später wurden die von Bamberger errungenen Kenntnisse der Umlagerung noch mit kinetischen Daten ergänzt[8]. Es wurde gefunden, daß die Umlagerung von Phenylhydroxylaminen eine Reaktion erster Ordnung bezüglich der benutzten Säure ist, daß jedoch das Säure-Anion an dem geschwindigkeitsbestimmenden Schritt nicht teilnimmt. Das letztere gilt wenigstens für Umlagerungen mit HCl, wo unter anderem chlorhaltige Produkte (z. B. 8 und 9 aus 1) entstehen.

63 Die säurekatalysierte Umlagerung des bicyclischen Hydroxy-dienons 1 führt, je nach Bedingungen, zu zwei unterschiedlichen Produkten: Mit Bortrifluorid in Diäthyläther entsteht das spirocyclische Endion 2, mit Schwefelsäure in Acetanhydrid das Tetralinderivat 3.

Versuchen Sie beide Resultate auf eine gemeinsame Basis zu bringen und den Reagentien-bedingten Unterschied mechanistisch zu erklären!

---

[8] Heller, H. E., Hughes, E. D., Ingold, C. K.: Nature *168*, 909 (1951).

64 Was entsteht Ihrer Meinung nach aus dem tricyclischen Hydrazobenzol **1** unter den Bedingungen der Benzidinumlagerung (genau gesagt: mit methanolischem Chlorwasserstoff bei 0°C) ?

65 *o*-Benzylsulfinyl-benzoesäure **1** verliert beim Erhitzen mit Acetanhydrid ein Molekül Wasser und gibt eine neutrale Substanz **2**. Diese wird basisch oder auch sauer zu Benzaldehyd und *o*-Mercaptobenzoesäure **3** hydrolysiert.

Welche Struktur hat **2** und wie ist seine Bildung zu verstehen ?

Radikalische Reaktionen

66 Im allgemeinen desaktivieren elektronegative Substituenten benachbarte C-H-Bindungen für homolytische H-Abspaltung. Der Einfluß ist erwartungsgemäß am stärksten in der unmittelbaren Nachbarschaft des Substituenten. So beträgt bei der Photobromierung von 1-Chlorbutan die Reaktivität der $C_{(3)}$-H-Bindungen nur 0.25 derjenigen der Methylengruppe von Propan und sinkt weiter in der $C_{(2)}$-Stellung auf bloße 0.09 des genannten Vergleichswertes[1]. Ähnliches gilt auch für Fluor-substituierte Kohlenwasserstoffe. Um so überraschender war 1963 die Feststellung von Thaler[2], daß 1-Brombutan hauptsächlich zu 1,2-Dibrombutan bromiert wird. Wie später durch kompetitive Bromierung ermittelt werden konnte, vermindert zwar der Brom-Substituent – ähnlich wie ein 1-Fluor- oder ein 1-Chlor-Substituent – die Reaktivität der $C_{(3)}$-Stellung (auf 0.38 derjenigen der Methylengruppe in Propan), macht jedoch die $C_{(2)}$-H-Bindungen des 1-Brombutans fast dreimal reaktiver als in Propan selbst. Eine ausgesprochene Bevorzugung der β-Stellung konnte auch bei der Bromierung anderer Bromalkane festgestellt werden. Ein gründliches Studium dieser Erscheinung durch Skell und seine Mitarbeiter an der Pennsylvania State University[3] zeigte einige weitere, interessante Züge dieses „anomalen" Substituenteneffektes von Brom.

a) Die Photobromierung des optisch aktiven 1-Brom-2-methylbutans **1** gab als Hauptprodukt 1,2-Dibrom-2-methylbutan **2** in hoher optischer Reinheit. Die Substitution verlief stereospezifisch unter Erhaltung der ursprünglichen Konfiguration am Reaktionszentrum.

$$\underset{\underline{1}}{\overset{CH_3\ \ C_2H_5}{\underset{H}{C}}-CH_2-Br} \xrightarrow{Br_2} \underset{\underline{2}}{\overset{CH_3\ \ C_2H_5}{\underset{Br}{C}}-CH_2-Br} \quad 94\% \\ + HBr$$

---

[1] Die relativen Reaktivitäten wurden durch kompetitive Bromierung ermittelt. Siehe dazu die unten zitierten Arbeiten von Skell und Mitarbeiter[3].

[2] Thaler, W. A.: J. Amer. Chem. Soc. *85*, 2607 (1963).

[3] Skell, P. S., Readio, P.D.: J. Amer. Chem. Soc. *86*, 3334 (1964); Skell, P. S., Shea, K. J., ibid. *94*, 6550 (1972); Shea, K. J., Skell, P. S.: ibid. *95*, 283 (1973); Skell, P. S., Pavlis, R. R., Lewis, D. C., Shea, K. J.: ibid. *95*, 6735 (1973); Shea, K. J., Lewis, D. C., Skell, P. S.: ibid. *95*, 7768 (1973).

b) Bei den stereoisomeren 4-Brom-1-*tert*. butylcyclohexanen 3 und 5 wurden auffallende Unterschiede im Verhalten bei der Photobromierung festgestellt: Während das *cis*-Isomere 3 glatt und in hoher Ausbeute zu *trans*-3-*cis*-4-Dibrom-1-*tert*. butylcyclohexan 4 bromiert wurde, entstand aus *trans*-4-Brom-1-*tert*. butylcyclohexan 5 in einer langsamen Reaktion ein kompliziertes Gemisch „aller möglichen" Substitutionsprodukte.

Hingegen verlief die Photobromierung beim Bromcyclohexan 6 wieder sowohl regio- als auch stereospezifisch zu *trans*-1,2-Dibromcyclohexan 7.

c) Durch kompetitive Photobromierung von *cis*-4-Brom-1-*tert*. butylcyclohexan 3 und Cyclohexan ergab sich aus dem Verhältnis der Produkte für 3 die relative Geschwindigkeitskonstante

$$k_{rel.}^{30°} = k_3 : k_{C_6H_{12}} = 19,2$$

Da in 3 nur zwei Wasserstoffatome für die Reaktion (wegen ihrer Regio- und Stereospezifität in diesem Fall) in Frage kommen, bei Cyclohexan dagegen alle zwölf H-Atome zur Verfügung stehen, ist der statistische Faktor durch 12:2 = 6 gegeben und die relative Reaktivität für ein H beträgt

$$k_{rel. per H} = 19,2 \times 6 = 115$$

Berücksichtigt man auch noch den zu erwartenden, negativen induktiven Effekt des Bromatoms, so ergibt sich für den rein beschleunigenden Effekt des 4-Brom-Substituenten in 3 auf die dazu *trans*-orientierten β-C-H-Bindungen ein Wert von ungefähr 10^3!

Sie sollten jetzt unter Berücksichtigung aller angeführten Angaben diesen merkwürdigen, beschleunigenden und hochstereospezifischen Effekt des Brom-Substituenten erklären.

67 Huang und Lee von der University of Malaya in Kuala Lumpur wollten wissen, was aus *o*-Methylbenzophenon 1 bei der Einwirkung von *tert.* Butoxy-Radikalen entsteht. Die Radikale stellten sie *in situ* thermolytisch entweder aus *tert.* Butyl-peroxalat 2 (bei 30–45°C) oder aus di-*tert.* Butyl-peroxid 3 (bei 120–125°C) in überschüssigem 1 (es diente zugleich als Medium) her[4].

Was hätten *Sie* als Produkt, bzw. als Produkte erwartet?

68 Die im vorangehenden Problem erläuterte Fähigkeit des *tert.* Butoxy-Radikals, aus aliphatischen C-H-Bindungen das Wasserstoffatom abzuspalten, macht sich auch bei anderen *tert.* Alkoxy-Radikalen bemerkbar. Die intermolekulare H-Abspaltung stellt jedoch nicht den einzigen Weg dar, auf dem sich diese Radikale zu stabilisieren vermögen. Es gibt noch weitere Reaktionswege, die besonders bei komplizierter gebauten Alkoxy-Radikalen in den Vordergrund treten. Davon zeugen die folgenden Beispiele der Zersetzung von *tert.* Alkylhypochloriten[5], bei denen die entsprechenden Alkoxy-Radikale als Zwischenprodukte auftreten. In allen Fällen hatte die Zersetzung, die in 0.5–1.0-molaren Lösungen entweder thermisch oder durch kurze UV-Bestrahlung eingeleitet wurde, den Charakter radikalischer Kettenreaktion. Die angeführten Ausbeuten beziehen sich auf verbrauchtes Ausgangsmaterial. Bei Zersetzungen in halogenierten Lösungsmitteln sind außer den angegebenen gelegentlich auch polyhalogenierte, hochsiedende Produkte beobachtet worden, die für die in solchen Fällen fehlenden Prozente verantwortlich zu machen sind[6].

---

[4] Huang, R. L., Lee, H. H.: J. Chem. Soc. (C) *1966*, 929. R. L. Huang hat übrigens mit S. H. Goh und S. H. Ong ein ausgezeichnetes, kurzgefaßtes Buch über Radikalreaktionen (The Chemistry of Free Radicals. London: E. Arnold. 1974) geschrieben.

[5] *Tert.* Alkylhypochlorite können aus den entsprechenden Alkoholen und unterchloriger Säure leicht hergestellt werden. Sie dienen hauptsächlich als Chlorierungs- und Oxidationsmittel. Siehe z. B. Walling, B. B. C.: Free Radicals in Solution. New York: Wiley and Sons. 1957.

[6] Greene, F. D., Savitz, M. L., Osterholtz, F. D., Lau, H. H., Smith, W. N., Zanet, P. M.: J. Org. Chem. *28*, 55 (1963).

Versuchen Sie, die Bildung der angegebenen Produkte möglichst einfach zu erklären und auf Grund der Daten allgemeine Gesetzmäßigkeiten des Zerfalles von *tert.* Alkylhypochloriten aufzustellen. Vergessen Sie dabei nicht den experimentell bewiesenen Kettencharakter der Prozesse zu berücksichtigen.

69 Durch Bestrahlung des mit Deuterium markierten Diacylperoxids 1 entstand als Hauptprodukt dideuteriertes 1,2,3,4-Tetrahydrophenanthren, das sich auf Grund seiner NMR-Spektren als ein Gemisch von zwei Isomeren, 2 und 3, zu erkennen gab.

Die Bildung von 3 mit der unerwarteten Lage seiner Deuteriumatome neben dem „normalen" Dideuterio-tetrahydrophenanthren 2 bietet eine interessante und bedeutsame Information über den Weg, auf dem beide Produkte aus 1 entstanden sind. Versuchen Sie diesen Weg zu skizzieren!

70 Eine besondere Bedeutung in der 1965 vollendeten Totalsynthese des Antibiotikums Cephalosporin C [7] kommt dem bicyclischen β-Lactam-Derivat 2 zu, das in wenigen Schritten aus L–(+)-Cystein hergestellt werden konnte. In dieser merkwürdigen Verbindung sind die meisten gemeinsamen Strukturelemente der Penicillin- und Cephalosporin-Antibiotika in einer sinnvoll geschützten und für einen weiteren synthetischen Aufbau geeigneten Form enthalten. Folglich hat sich 2 nicht nur bei der zitierten Synthese, sondern auch bei der Herstellung von Analogen der natürlichen β-lactamhaltigen Arzneimittel als fortgeschrittenes Zwischenprodukt gut bewährt [8].

Dies veranlaßte Heusler [9] im Woodward Forschungsinstitut in Basel, für 2 einen gangbaren Weg aus den inzwischen billig gewordenen Penicillinen 3 bzw. aus der 6-Amino-penicillansäure 4 zu suchen. Die 1972 von ihm publizierte Lösung dieses Problems sei nun Gegenstand unserer Aufgabe. Von besonderem Wert für diesen Zweck ist die Tatsache, daß im Heuslerschen Schema sowohl polare als auch radikalische Prozesse in eine sinnreiche Folge verknüpft sind.

3: R = R'CO
4: R = H

6-Amino-penicillansäure 4 wird zuerst in Form ihres leicht verseifbaren Trimethylsilyl-Esters an der NH_2-Gruppe durch Behandlung mit *tert*. Butoxycarbonylfluorid

---

[7] Woodward, R. B., Heusler, K., Gosteli, J., Naegeli, P., Oppolzer, W., Ramage, R., Ranganathan, S., Vorbrüggen, H.: J. Amer. Chem. Soc. *88*, 852 (1966).

[8] Siehe z. B. Scartazzini, R., Bickel, H.: Helv. chim. Acta *55*, 423 (1972); Scartazzini, R., Gosteli, J., Bickel, H., Woodward, R. B.: Helv. chim. Acta *55*, 2567 (1972).

[9] Heusler, K.: Helv. chim. Acta *55*, 388 (1972).

geschützt. Anschließend wird ihre aus dem Ester regenerierte Carboxyl-Gruppe über ein gemischtes Anhydrid (aus dem Salz mit Chlorameisensäureäthylester hergestellt) in das entsprechende Azid 5 übergeführt. Die nächsten drei Schritte, die zum interessanten Carbinolamid 9 führen, sind im folgenden Schema angedeutet.

Beim Carbinolamid 9, welches die cyclische Form eines Aldehydo-β-lactamderivates darstellt, beginnt nun die Radikalchemie. Wird es nämlich in Benzol in Anwesenheit von Bleitetraacetat mit einer Quecksilber-Hochdrucklampe (Pyrex-Filter) bestrahlt, so entsteht als Produkt die Verbindung 10, die beim nachfolgenden Erhitzen in Toluol ein Molekül Essigsäure verliert und die Verbindung 11 der Zusammensetzung $C_{12}H_{18}N_2O_4S$ liefert. Das IR-Spektrum von 11 weist unter anderem eine sehr kurzwellige, für N-acylierte β-Lactame charakteristische Absorptionsbande bei 5.55μ auf.

Im NMR-Spektrum dieser Verbindung liegt ein Singulett bei $\tau = 1.19$ ppm, das mit seiner chemischen Verschiebung auf die Anwesenheit einer N-CHO-Gruppierung hindeutet. Außerdem enthält das NMR-Spektrum die einer $CH_3 \cdot C=CH_2$-Gruppe zugehörigen Signale.

Wird nun 11 in Methylenchlorid mit stark verdünntem wässrigem Ammoniak bei Raumtemperatur geschüttelt, so entsteht eine neue, kristalline Verbindung 12 ($C_{11}H_{18}N_2O_3S$), in derer NMR-Spektrum das Formyl-Signal nicht mehr vorhanden ist und deren β-Lactam im IR wieder bei einer „normalen" Wellenlänge (5.63 μ) absorbiert. Zur Entfernung der BOC-Schutzgruppe wird 12 eine Viertelstunde mit Trifluoressigsäure bei 0°C stehen gelassen; das Resultat ist das bicyclische Derivat 13, das durch die nachfolgende Wiedereinführung der BOC-Gruppe schließlich die gewünschte Verbindung 2 liefert.

Ihre Aufgabe ist es, das Reaktionsschema der „Abbausynthese" mit vollen Strukturen der Zwischenprodukte auszustatten und den Verlauf der benutzten Reaktionen, vor allem denjenigen der Bleitetraacetat-Reaktion, abzuklären.

71 Eine Lösung des 4,4-Dimethyl-5α-pregnanderivates 1 in Äthanol wurde mit einer Quecksilber-Hochdruck-UV-Lampe in einer Quarz-Apparatur 28 Stunden lang bestrahlt. Die Chromatographie des entstandenen Rohgemisches ergab, neben 13% unverändertem Ausgangsmaterial, ungefähr 67% einer neuen Substanz 2, die sich zu 1 als isomer erwies.

Die Verbindung 2 besaß jedoch nicht, wie 1, den Charakter eines Ketons, sondern ähnelte vielmehr einem Alkohol (das IR-Spektrum wies eine OH-Bande bei 3500 cm^{-1} auf). Aus dem Fehlen der Signale eines Carbinolprotons (CH-OH) im NMR-Spektrum und aus der Tatsache, daß 2 nach einer CrO$_3$-Behandlung in Pyridin unverändert zurückgewonnen wurde, konnte man weiter auf einen *tertiären* Alkohol schließen.

Zum Unterschied von 1, dessen NMR-Spektrum fünf verschiedene Methyl-Singuletts auswies, waren im NMR-Spektrum von 2 nur noch vier Methyl-Signale zu verzeichnen. Durch den Vergleich mit NMR-Spektren einiger verwandter Pregnanderivate, bei denen die Zuordnung der CH$_3$-Signale zu einzelnen Methylgruppen des Gerüstes möglich war, erhärtete sich der Verdacht auf das Fehlen des 19-Methyl-Signals (in Struktur 1 durch ein Sternchen bezeichnet) im NMR-Spektrum von 2.

Die Autoren der Arbeit, Iriarte, Schaffner und Jeger (Eidgnössische Technische Hochschule in Zürich)[10], haben noch weitere experimentelle Daten über 2 erbracht, aber Sie werden hoffentlich auch ohne zusätzliche Angaben die Frage nach der Struktur des Photoproduktes und dem Mechanismus seiner Bildung schon jetzt beantworten können.

72 Eine andere Art photochemische Isomerisierung eines Ketons als diejenige der vorangehenden Aufgabe wurde, wieder von Jeger, Schaffner und Mitarbeitern[11], beim steroidalen 4β-Acetoxy-5β-hydroxy-3-keton 1 beobachtet. Diese Verbindung ging durch Bestrahlung mit einem UV-Licht der Hauptemissionswellenlänge 254 nm in Benzol in 88% Ausbeute in das Acetoxymethyl-lakton 2 über.

---

[10] Iriarte, J., Schaffner, K., Jeger, O.: Helv. chim. Acta *46*, 1599 (1963).
[11] Hüppi, G., Eggart, G., Iwasaki, S., Wehrli, H., Schaffner, K., Jeger, O.: Helv. chim. Acta *49*, 1986 (1966). Siehe auch Schaffner, K., Jeger, O.: Tetrahedron *30*, 1891 (1974).

Welches ist Ihrer Meinung nach der für diese Umlagerung verantwortliche Mechanismus?

73 Um auch sehr reaktive und daher unter normalen Bedingungen nicht faßbare Zwischenprodukte photochemischer Reaktionen studieren zu können, bedient man sich neuerdings oft der folgenden Methode:
Man versucht die zu untersuchende Partikel durch Bestrahlung einer geeigneten Vorstufe in fester Matrix (d. h. in fester Lösung in einem geeigneten, inerten Lösungsmittel) bei sehr tiefen Temperaturen (−200°C und tiefer) herzustellen. Die so entstandene Partikel ist unbeweglich (in der Matrix „eingefroren") und kann keine intermolekularen Reaktionen eingehen. Auch ihre internen Vibrations- und Rotationsbewegungen werden durch die tiefe Temperatur erheblich vermindert und dies beeinflußt positiv die Stabilität des Teilchens. Dieses wird dann direkt in der Matrix spektroskopisch (IR, UV) untersucht. Darüber hinaus kann man durch allmähliches Erwärmen der Matrix chemische Umwandlungen der Partikel auslösen und diese wieder direkt unter kontrollierten Bedingungen spektroskopisch verfolgen.
Eine feste, glasförmige Lösung von 1,4-Dihydrophthalazin 1 (in einem Gemisch von Diäthyläther, Isopentan und Äthanol) wurde bei −196°C mit einer Quecksilberlampe (Lichtwellenlänge 254 nm) bestrahlt. Das für 1 charakteristische UV-Spektrum verschwand im Laufe von wenigen Minuten und es entstand ein instabiles Photoprodukt 2, das sich durch eine starke, sichtbare Emission bei 456 nm auszeichnete. Fortgesetzte Bestrahlung von 2 in der Matrix, nun aber mit längerwelligem Licht, ließ auch dieses verschwinden und es resultierte das bekannte Benzocyclobuten 3 (man erkannte es nach seinem UV-Spektrum).

Welche Struktur bzw. Strukturen bieten sich da für das instabile Zwischenprodukt 2 an?

74 Eine vor kurzem publizierte französische Arbeit beschreibt eine radikalische Cyclisierung von N-Chlor-4-pentenylaminen, die durch Einwirkung von Titantrichlorid (in wässriger Essigsäure) ausgelöst wird. Aus N-Chlor-allyl-4-pentenylamin 1 entstand auf diese Weise in guter Ausbeute 2-Chlormethylpyrrolizidin 2.

$$CH_2=CH-CH_2-CH_2-CH_2 \atop CH_2=CH-CH_2 {\Large \diagdown \atop \diagup} N-Cl \quad \xrightarrow[\substack{CH_3COOH-H_2O \\ 30', R.T.}]{TiCl_3} \quad \text{[bicyclic pyrrolizidine]}-CH_2Cl$$

1 → **2** (66%)

Wie stellen Sie sich die Bildung von **2** aus **1** vor ? Es sei Ihnen noch verraten, daß
a) Ti^{3+} leicht ein Elektron abgibt: $Ti^{3+} \rightarrow Ti^{4+} + e$;
b) $TiCl_3$ die >N–Cl-Gruppierung angreift;
c) $TiCl_3$ nicht in einer stöchiometrischen, sondern nur katalytischen Menge benutzt wurde.

Reaktionen der Carbene

75 Eine allgemeine Methode zur Herstellung von Allenen wird durch das folgende Beispiel der Synthese von 1,2-Cyclononadien 2 aus cis-Cycloocten 1 veranschaulicht[1].

Welches ist hier der zugrundeliegende Mechanismus ?

76 Carbene besitzen in ihrem Singulettzustand eine sp^2-Geometrie und können vereinfacht als eine Superposition eines Carboniumions mit einem Carbanion angesehen werden.

Bei Reaktionen mit Olefinen verhalten sie sich gewöhnlich als Elektrophile, d. h. sie treten an das Olefin mit dem unbesetzten $2p_z$-Orbital heran. Eine Verdrehung der CXY-Gruppe im so entstandenen Komplex führt dann zum Cyclopropanderivat als Endprodukt:

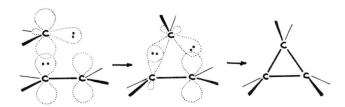

---

[1] Untch, K. G., Martin, D. J., Castellucci, N. T.: J. Org. Chem. *30*, 3572 (1965).

Bei Difluorcarben CF$_2$:, dessen leeres $2p_z$-Orbital mit dem tiefsten, doppelt besetzten *p*-Orbital der Fluoratome gut überlappen kann, ist offenbar der elektrophile Charakter so geschwächt, daß nun die elektronen*spendenden* Eigenschaften, die mit dem „freien" Elektronenpaar des Carbens zusammenhängen, zum Vorschein kommen. So hat Difluorcarben mit Norbornadien **1** im Sinne einer (2+2+2)-Cycloaddition reagiert. Welches war das Produkt?

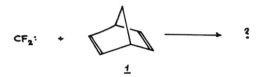

77 Diazomethylketone **1** werden in alkoholischen Lösungen photolytisch oder durch katalytische Wirkung von Silbersalzen zu Carbonsäureestern umgewandelt. Diese entstehen durch Anlagerung eines Alkoholmoleküls an das intermediär gebildete Keten **2**. Ähnlich werden in wässrigen Lösungen freie Carbonsäuren und in Anwesenheit von Ammoniak oder Aminen Carbonsäureamide gebildet.

Es ist nicht klar, ob das Keten **2** dabei a) direkt durch eine synchrone Wanderung der Gruppe R während der N$_2$-Abspaltung entsteht oder b) ob es ein Umlagerungsprodukt eines primär gebildeten Acylcarbens **3** ist.

Jedenfalls konnte die Bildung von Acylcarbenen unter diesen Bedingungen nicht nachgewiesen werden.

Dagegen manifestierte sich die intermediäre Existenz von Acylcarbenen bei Zersetzungen von Diazomethylketonen in *unpolaren, aprotischen* Lösungsmitteln (Hexan, Benzol usw.). Diese Zersetzungen werden von Kupfersalzen oder Kupferoxid ausgelöst. Das durch N$_2$-Abspaltung entstandene, sehr reaktive Acylcarben bleibt unter diesen Bedingungen offenbar solange an den Katalysator gebunden, bis es mit einem noch unzersetzten Diazomethylketon-Molekül weiterreagieren kann; die oben erwähnte Umlagerung zum Keten bleibt hier also aus. Was ist in diesem Fall das Reaktionsprodukt?

Mehrzentrenreaktionen mit cyclischer Elektronenverschiebung

78 Die als *Cope-Umlagerung* bekannte, thermische, elektrocyclische Reaktion der 1,5-Hexadiene

wird besonders dann begünstigt, wenn die zu spaltende Einfachbindung dem gespannten Cyclopropanring angehört. Sind bei rein aliphatischen Systemen meist Temperaturen um 300°C erforderlich, so verläuft bei *cis*-1,2-Divinylcyclopropan die Umlagerung schon bei Temperaturen weit unter 0°C. In der Tat konnte der aus *cis*-1,3,5-Hexatrien durch Carben-Anlagerung gebildete Kohlenwasserstoff gar nicht gefaßt werden, sondern erst sein Cope'sches Umlagerungsprodukt, 1,4-Cycloheptadien[1,2].

Was entsteht durch Cope-Umlagerung aus den folgenden Verbindungen?

<u>1</u> <u>2</u> <u>3</u>

Homotropyliden   Barbaralon   Bullvalen

---

[1] Vogel, E., Ott, K.-H., Gajek, K.: Liebigs Ann. *644*, 172 (1961).
[2] v. E. Doering, W., Roth, W. R.: Angew. Chem. *75*, 27 (1963).

79 Die beiden folgenden Kohlenwasserstoffe 2 und 3 sind (in einem Verhältnis von 10:1) aus einem mit ihnen isomeren Kohlenwasserstoff 1 in einem einzigen Reaktionsschritt entstanden. Die Gesamtausbeute lag zwischen 40 und 50%, der Rest bestand aus einem polymeren Material.

Welches war die Struktur des Ausgangsmaterials 1 und welche die Bedingungen seiner Umwandlung zu 2 und 3 ?

80 An der Universität in Freiburg i. Br. gelang es vor einigen Jahren Prinzbach und Sauter, den interessanten Kohlenwasserstoff 1, ein „vinyloges Fulvalen"[3], zu synthetisieren[4].

Die neue Verbindung konnte aus Pentan bei tiefen Temperaturen in Form violettroter Nadeln rein isoliert werden und erwies sich unterhalb ihres Schmelzpunktes (dieser liegt bei 77°C) als beständig. Wurde jedoch die Lösung von 1 in Pentan bei Raum- oder mäßig erhöhter Temperatur (in inerter Atmosphäre) stehen gelassen, verlor sie schnell ihre auffallende, tiefrote Farbe (die Halbwertszeit der Umwandlung war bei 30°C nur 20 Minuten) und es resultierte eine nunmehr blaßgelbe Lösung. Es zeigte sich, daß diese ausschließlich einen mit 1 isomeren Kohlenwasserstoff 2 enthielt.

Der Kohlenwasserstoff 2, obwohl selbst das Produkt einer thermischen Umwandlung, war thermolabil und ging bei 80°C in ein weiteres, farbloses Isomeres, 3, über. Diese Isomerisierung konnte ebenfalls durch Basen ausgelöst werden.

---

[3] Fulvalen 4 ist eine äußerst unbeständige Verbindung, die für die interessierten Theoretiker bisher nur in hochverdünnten Lösungen zur Verfügung steht. S. z. B. v. E. Doering, W.: Theoretical Organic Chemistry. London: Butterworths. 1959.

[4] Sauter, H., Prinzbach, H.: Angew. Chem. *84*, 297 (1972).

Welches sind die Strukturen von 2 und 3 ? Es sei hier bemerkt, daß es für 2 eine (auch stereochemisch) eindeutige Antwort, bei 3 dagegen *a priori* drei mehr oder weniger gleichwertige Lösungen gibt. Alle drei sind jedoch sehr eng miteinander verwandt.

81 Durch zweistündiges Rückflußkochen in Xylol entsteht aus Dichlorvinylencarbonat **1** und Cyclopentadien **2** in 65–70% Ausbeute eine kristalline Verbindung **3** ($C_8H_6Cl_2O_3$), die in siedendem wässrigem Dioxan (eine Stunde Rückfluß) zur Verbindung **4** (nach Sublimation orange-rote Kristalle, $C_7H_6O_2$; 61% Ausbeute) hydrolysiert wird.

Die Verbindung 4 addiert in wässriger oder methanolischer Lösung ein Lösungsmittelmolekül. Die Addition ist reversibel und ihr Gleichgewicht temperaturabhängig: Bei 0°C sind die Lösungen nahezu farblos, bei 80°C tiefgelb.

Welches ist die Struktur von 3 und von 4 ? Was entsteht, wenn man in der erwähnten Reaktionsfolge Cyclopentadien durch 2,3-Dimethyl-1,3-butadien **5** ersetzt ?

82 Bei Modellversuchen zur Synthese von Iridoiden (einer weit verbreiteten Naturstoffklasse der allgemeinen Formel 1) wurde 1-Cyclopenten-1-carboxaldehyd **2** mit Äthylvinyläther **3** im Bombenrohr 48 Stunden auf 185°C erhitzt. Destillation des Reaktionsproduktes ergab in 95%iger Ausbeute eine farblose Flüssigkeit **4**, Sdp. 92°C/10 Torr, derer Elementaranalyse und Massenspektrum mit der Summenformel $C_{10}H_{16}O_2$ übereinstimmten. Aus dem NMR-Spektrum sowie aus der gaschromatographischen Analyse dieser Flüssigkeit konnte man auf ein Gemisch von zwei isomeren Substanzen schließen, die schließlich durch präparative Gaschromatographie getrennt wurden.

Die IR-Spektren der beiden getrennten Isomeren weisen eine für Enoläther-Doppelbindungen charakteristisch verstärkte Absorption bei 1675 cm^{-1}, bzw. 1670 cm^{-1}, jedoch keine der aldehydischen Carbonyl-Gruppe entsprechende Absorptionsbande auf. Von den übrigen, in beiden IR-Spektren auftretenden Absorptionsbanden, fiel diejenige bei 1120 cm^{-1} bzw. 1150 cm^{-1} auf; in diesem Frequenzgebiet kommen bekanntlich die der antisymmetrischen C-O-C-Streckung entsprechenden Absorptionen von Äthern, Acetalen usw.

In Methanol in Gegenwart von Bortrifluorid-Ätherat entstand aus dem Isomerengemisch **4a,b** das Diacetal **5**. Welches ist die Struktur der Isomeren **4a,b** und um welche Reaktion handelt es sich bei ihrer Bildung aus **2** und **3** ?

83 Neben typischen aromatischen Substitutionen finden bei Anthracen auch Additionsreaktionen in den Stellungen 9 und 10 statt. Die Additionsfreudigkeit kann – ganz naiv – durch den Übergang eines o-chinoiden Bindungssystems des Kohlenwasserstoffs (in der rechten Hälfte unserer Anthracen-Formel) zu einer aromatischen Benzol-Anordnung im Addukt erklärt werden. Gut bekannt sind verschiedene Cycloadditionen des Anthracens, z. B. mit O$_2$ oder mit (aktivierten) Olefinen (Diels-Alder-Reaktion), die als [4 π_s + 2 π_s]-Cycloadditionen charakterisiert werden.

Neulich sind auch Addukte des Typs **1** von Anthracen und 1,3-Dienen beschrieben worden[5].

Welche Bedingungen – erhöhte Temperatur oder Bestrahlung – würden Sie für die letztgenannte Cycloaddition wählen ?

84 In einem gewissen Zusammenhang mit dem vorangehenden Problem steht die folgende Frage: Was passiert, wenn man Maleinsäureimid **1** in Benzol mit UV-Licht bestrahlt ?

---

[5] Yang, N. C., Libman, J.: J. Amer. Chem. Soc. *94*, 1405 (1972).

85 Erklären Sie – unter Berücksichtigung der Orbitalsymmetrie-Regeln – die Bildung der epimeren, tricyclischen Nitrile **3a,b** beim Erhitzen von Cycloheptatrien **1** und Acrylonitril **2** !

86 Der Theorie der Erhaltung der Orbitalsymmetrie zufolge sind im Grundzustand (also ohne Bestrahlung) supra-suprafaciale Cycloadditionen nur dann erlaubt, wenn die Gesamtzahl der beteiligten Elektronen der addierenden Komponenten $4q + 2$ ist. In Übereinstimmung mit dieser Regel reagiert Cycloheptatrienon (Tropon) **1** thermisch mit konjugierten Dienen im Sinne einer [6 + 4]-Cycloaddition[6].

Nun eine etwas anspruchsvolle Aufgabe: Mit welcher Partnerkomponente (2) kann aus Tropon **1** durch *thermische Cycloaddition* die Verbindung **3** entstehen?

87 Über einen neuen, interessanten Zutritt zu funktionalisierten Cycloheptanderivaten berichteten neulich Monti und McAninch[7]. Er wird am folgenden Beispiel demonstriert:

---

[6] Cookson, R. C. et al: JCS, Chem. Comm. *1966*, 15; Ito, S. et al.: Bull. chem. Soc. Japan *39*, 1351 (1966).

[7] Monti, S. A., McAninch, T. W.: Tetrahedron Letters *1974*, 3239.

Das aus 2-Acetyl-1-methylcyclohexen 1 leicht herstellbare, bicyclische Keton 2 [8] wurde in einer Stickstoff-Atmosphäre zwei Stunden auf 200°C erhitzt und ging dabei in 80% Ausbeute in 3-Acetyl-1-methylencycloheptan 3 über.

Wie stellen Sie sich den Mechanismus der Umlagerung von 2 zu 3 vor?

88 Durch Pyrolyse von Phenylacetat in der Gasphase entstehen als Hauptprodukte Phenol und Keten.

Hurd und Blunck[9] haben 1938 für diese scheinbar einfache Reaktion einen Radikalkettenmechanismus vorgeschlagen:

1972 wurde die Richtigkeit dieses Vorschlages von Meyer und Hammond[10] angezweifelt. Bei einer in der Gasphase durchgeführten Photolyse von Phenylacetat, bei der offensichtlich Phenoxy-Radikale gebildet wurden, entstand zwar in hoher

---

[8] Das Keton 1 wird zuerst durch LiAlH$_4$ zum entsprechenden Carbinol reduziert (90%), dann wird mit CH$_2$I$_2$ und Zn–Cu der Cyclopropanring aufgebaut (81%) und schließlich wird die Carbonylgruppe oxidativ (CrO$_3$/Pyridin: 70%) wieder hergestellt.

[9] Hurd, C. D., Blunck, F. H.: J. Amer. Chem. Soc. *60*, 2419 (1938).

[10] Meyer, J. W., Hammond, G. S.: J. Amer. Chem. Soc. *94*, 2219 (1972).

Ausbeute Phenol, jedoch kein Keten (oder dessen Umwandlungsprodukte). Die Autoren schließen daraus, daß PhO· mit Phenylacetat im oben erwähnten Sinne nicht reagiert. Das alte Schema ersetzten sie durch ein neues, in dem die Bildung von Phenol und Keten als ein konzertierter, cyclischer Prozeß (eine Art *En*-Reaktion) erklärt wird:

Jüngst ist wieder dieser neue, attraktive Mechanismus von Barefoot und Carroll[11] unter die Lupe genommen worden. Eine Antwort über seine Richtigkeit sollte die Pyrolyse von Phenyl-2,2,2-trideuterioacetat geben. Wie denn ?

---

[11] Barefoot, A. C., Carroll, F. A.: J. C. S., Chem. Comm. *1974*, 357.

B. Hinweise

1 Versuchen Sie sich die Geometrie der Brückenkopfatome in 2 vorzustellen!

2 Die Bromierung brachte nur deutlich zum Vorschein, was schon beim Kohlenwasserstoff 1 selbst, allerdings unbemerkt, vorhanden war: Eine begrenzte Drehbarkeit um eine einfache C—C-Bindung.

3 Eine andere, vielleicht anschaulichere Formulierung der Aufgabe: Worin besteht die optische Aktivität des *trans*-Cyclooctens? Hat sie vielleicht etwas mit der Ringgröße zu tun oder ist sie bei allen *trans*-Cycloalkenen zu erwarten? Eine Konstruktion des Moleküls von 2 aus Dreiding-Modellen ist hier sehr zu empfehlen.

4 Die Konjugation zwischen zwei π-Elektronensystemen (z. B. zwischen einem aromatischen Ring und einer C=C-Doppelbindung) ist grundsätzlich durch ihre Koplanarität bedingt. Nur dann können die π-Orbitale ausreichend überlappen. Inwiefern ist diese Bedingung bei 1 erfüllt?

5 Die Ungewohnheit liegt bei der sterischen Orientierung der zwei Doppelbindungen gegenüber den Anthracen-Einheiten, die sie verbinden. Was ist nun dabei nicht ganz „in Ordnung"?

6 Die strukturelle Analogie von Fluoren mit Diphenylmethan ist hier nicht allein entscheidend. Sehr wichtig ist der Zusammenhang von Fluoren mit Cyclopentadien.

7 Die allgemein viel niedrigere Basizität aromatischer Amine gegenüber derjenigen aliphatischer Aminoverbindungen wird auf eine konjugative Wechselwirkung des nicht-bindenden Elektronenpaars am Stickstoff mit dem π-Elektronensystem des Benzolringes zurückgeführt. Bei 1 bleibt offenbar diese Konjugation aus. Warum?
Das Ausbleiben der Konjugation könnte höchstens eine gleich hohe, nicht jedoch die beobachtete, viel höhere Basizität von 1 im Vergleich mit aliphatischen Aminen erklären. Hier ist ein zusätzlicher, besonderer, struktureller Faktor zu berücksichtigen.

8 Der Grund des unterschiedlichen Verhaltens liegt bei der Orbitalgeometrie des entsprechenden Anions. Diese ist im starren, überbrückten Gerüst des bicyclischen

Diketons erzwungenermaßen anders als bei 2. Auch eine alte, empirische Regel gibt hier die Antwort.

9 Erinnern Sie sich an die Hückelsche Regel für aromatische Systeme !

10 Das Resultat hängt von der Form ab, in der der Acetessigester reagiert. Einmal ist es das neutrale Molekül, das andere Mal das entsprechende Enolat-Ion. Die Frage lautet nun: Warum gibt der neutrale Ester hauptsächlich das *Z*-, sein Anion dagegen überwiegend das *E*-Acetoxyderivat ?

11 Das kristalline Salz kann unmöglich die folgende Struktur des 4-Brombutyl-fluor-antimonats haben, denn primäre Alkyl-Carboniumionen sind besonders instabil. Was für eine andere Möglichkeit bleibt da also übrig ?

$$Br\ CH_2CH_2CH_2CH_2^+ \quad SbF_6^-$$

12 Eine Erklärung der Abneigung von 1 zur Bildung des Cyclopentadienyl-Carboniumions bring die Hückelsche Theorie der Aromatizität.

13 Die bisher allgemein akzeptierten Vorstellungen über die Chemie der Neopentyl-derivate können ungefähr wie folgt zusammengefaßt werden:
a) Der Ersatz einer Abgangsgruppe in einem Neopentylderivat führt zur Umlagerung *via* Neopentyl-Carboniumion oder über ein kationähnliches Zwischenprodukt.
b) Bimolekularen nukleophilen Substitutionen an Neopentylsystemen kommt wegen der großen sterischen Hinderung des nukleophilen „backside"-Angriffes durch die geräumige *tert.* Butylgruppe keine praktische Bedeutung zu.
Stimmen nun die Beobachtungen von Mosher mit diesen Vorstellungen überein ?

14 Bei 3 und 4 scheint die sterisch ungünstige, zentrale Lage der geräumigen *p*-Brom-benzolsulfonat-Gruppe zwischen den zwei Brücken des starren, tetracyclischen Kohlenstoffgerüstes beschleunigend auf die Solvolyse einzuwirken. Bei 4 tritt noch ein zusätzlicher Einfluß der zur Sulfonat-Gruppe „entgegengesetzt" orientierten Doppelbindung auf. Auf welchen Wegen können sich diese zwei Strukturelemente auf die Solvolysegeschwindigkeiten auswirken ?

15 Die beobachtete Beschleunigung der Reaktion von 1 gegenüber der von 2 deutet auf eine anchimere Nachbargruppenbeteiligung der Doppelbindung am Solvolyse-prozeß hin.

16 Die beobachtete Inversion bei der Reaktion in Dimethylsulfoxid deutet auf einen

bimolekularen Verlauf hin. Bei der Reaktion in Methanol schließt dagegen die
Retention (in 2) einen solchen Prozeß aus. Also sollte eine S_N1-Reaktion erwogen
werden. Diese sind allerdings allgemein nicht-stereospezifisch, es sei denn, daß sie
unter Beteiligung einer Nachbargruppe verlaufen.

17 Zur Beantwortung der ersten zwei Fragen hilft die Kenntnis der Lösungsmittelabhängigkeit der S_N1- und S_N2-Prozesse. Was die Frage nach der bevorzugten Bildung von Sechsring-Derivaten betrifft, ist die in unserem Schema gewählte Darstellung des intermediären Carboniumions in der überbrückten Form etwas irreführend. In der Tat ist die Überbrückung offenbar nicht vollkommen symmetrisch oder es handelt sich sogar um ein schnell eintretendes Gleichgewicht zwischen zwei klassischen, cyclischen Carboniumionen, in welchem eines überwiegt. Die Antwort auf unsere Frage ergibt sich dann aus der relativen Stabilität der beiden letztgenannten Carboniumionen.

18 Zur Bestätigung der von ihnen vorgeschlagenen Struktur haben Winstein und Mitarbeiter den Alkohol 3 auf einem unabhängigen Wege synthetisiert. Sie behandelten 9-Methylenanthron 5 mit Diazomethan (in Methanol; die Reaktion verlief unter Stickstoffentwicklung) und reduzierten das entstandene Zwischenprodukt der Synthese mit Lithiumaluminiumhydrid.

19 Die Solvolysen von *p*-Nitrobenzoaten in neutralen Medien verlaufen allgemein monomolekular mit geschwindigkeitsbestimmender O-Alkyl-Spaltung. Die *p*-Nitrobenzoat-Gruppe ist also als eine Abgangsgruppe zu betrachten.
Die große Reaktionsbeschleunigung bei der Hydrolyse von 1 und von 2 im Vergleich zu 5 deutet auf eine Teilnahme des Schwefelatoms am Übergangszustand des geschwindigkeitsbestimmenden Schrittes hin.
Jetzt ist Ihnen aber praktisch alles verraten worden.

20 Es handelt sich um einen interessanten Fall der Nachbargruppenbeteiligung, die über ein labiles, cyclisches Zwischenprodukt schließlich in eine intramolekulare, oxidativ-reduktive Disproportionierung mündet.

21 Zur Erleichterung Ihrer Aufgabe seien hier die Endstufen mit Hinweis auf die *Ritter-Reaktion* abgeklärt. Als solche wird die Bildung von N-Alkylamiden aus Nitrilen und Alkylhalogeniden, bzw. Alkoholen in stark sauren, ionisierenden

Medien (z. B. in konzentrierter Schwefelsäure) bezeichnet. Es handelt sich dabei um eine Alkylierung des Nitril-Stickstoffatoms durch das aus dem Akylhalogenid, bzw. Alkohol entstandene Carboniumion und nachfolgende „Hydratation" des so gebildeten N-Alkylnitriliumions 5:

$$R-X \rightleftharpoons R^+ \begin{bmatrix} \cdot X^-_{resp.} \\ \cdot OH_2 \end{bmatrix} \xrightarrow{CH_3-C\equiv N} R-\overset{+}{N}\equiv C-CH_3 \xrightarrow{H_2SO_4} R-\overset{+}{N}=\underset{|}{C}-CH_3$$

$$R-OH \underset{-H^+}{\overset{+H^+}{\rightleftharpoons}} R-\overset{+}{O}H_2$$

$$\underline{5} \qquad \qquad HO-SO_3H$$

$$\qquad \qquad \qquad \qquad \qquad \qquad \Big\downarrow^{H_2O}_{[-H_2SO_4-H^+]}$$

$$R-NH-\underset{\overset{\|}{O}}{C}-CH_3 \rightleftharpoons R-N=\underset{\underset{OH}{|}}{C}-CH_3$$

22 Die Beweglichkeit des Wasserstoffatoms in der 9-Stellung der Fluorenderivate beim Austausch gegen Deuterium ist ein Maß für die Stabilität der entsprechenden Carbanionen. Je stabiler das Anion (je acider der Kohlenwasserstoff), desto schneller der basisch katalysierte H/D-Austausch. Versuchen Sie für die Anionen von 2 und 3 solche Grenzstrukturen zu schreiben, die eine Delokalisierung ihrer negativen Ladung zum Ausdruck bringen.

23 Es kommen grundsätzlich zwei Mechanismen in Frage:
a) ein einstufiger Mechanismus, bei dem sowohl der Cyclopropanring als auch die N-Acetyl-Bindung synchron entstehen, und
b) ein zweistufiger Prozeß, bei dem zuerst ein N-Acetylpyridiniumsalz gebildet wird.

Um zwischen diesen beiden Möglichkeiten besser entscheiden zu können, haben die Autoren der hier referierten Arbeit, Fraenkel und Cooper[1], eine Art Modell-Versuch durchgeführt, indem sie Acetylchlorid gleichzeitig zwei Reaktionspartner – Pyridin und *tert.* Butylmagnesiumchlorid – anboten. Es reagierte schneller mit Pyridin. Dies zeigte, daß der zweistufige Prozeß zwischen 2 und Acetylchlorid durchaus möglich ist. Fraenkel und Cooper haben ihn dann aus bestimmten Gründen dem einstufigen Mechanismus sogar vorgezogen.

24 Erwartungsgemäß werden Carbanionen viel leichter von dem „sauren" *tert.* Butanol als von Tetrahydrofuran protoniert (beim letzteren muß das Carbanion das Proton einer C–H-Bindung entreißen).

$$R:^- \;+\; (CH_3)_3C-\ddot{O}-H \;\longrightarrow\; R-H \;+\; (CH_3)_3C-\ddot{O}:^-$$

Bei Radikalen verhält es sich gerade umgekehrt: Sie spalten Wasserstoffatome leichter aus Tetrahydrofuran als aus *tert.* Butanol ab.

---

[1] Fraenkel, G., Cooper, J. W.: J. Amer. Chem. Soc. *93*, 7228 (1971).

$$R\cdot \;+\; \underset{\underset{O}{\underset{|}{}}}{\overset{CH_2-CH_2}{\underset{CH_2\quad CH_2}{}}} \;\longrightarrow\; R\text{-}H \;+\; \underset{\underset{O}{\underset{|}{}}}{\overset{CH_2-CH_2}{\underset{\cdot CH\quad CH_2}{}}}$$

Das Ausbleiben der Umlagerung in Anwesenheit von *tert*. Butanol deutet also darauf hin, daß durch Einwirkung des Metalls zuerst das „normale" Carbanion **5a** gebildet wird (man kann es ja in Form von **4** abfangen) und dies (in Abwesenheit eines Protonendonators) erst nachträglich in das „umgelagerte" Anion **5b** übergeht.

$$\mathbf{1} \xrightarrow{+2e} Ph\text{-}C_6H_4\text{-}C(Ph)_2\text{-}CH_2\text{-}CH_2\text{-}CH_2{:}^- \xrightarrow{?} {}^-{:}C(Ph)_2\text{-}CH_2\text{-}CH_2\text{-}CH_2\text{-}C_6H_4\text{-}Ph$$
$$\mathbf{5a} \qquad\qquad\qquad\qquad \mathbf{5b}$$

Das Carbanion **5b** ist zweifellos seinem Isomeren **5a** thermodynamisch überlegen. Die negative Ladung hat in **5b** gute Delokalisierungsmöglichkeiten und auch die sterische Kompression am quartären Kohlenstoffatom in **5a** ist durch die Umlagerung des *p*-Biphenylyl-Restes vermindert worden. Eine treibende Kraft liegt also hier eindeutig vor. Auch dann bleibt jedoch die ursprüngliche Frage zu beantworten: *Wie* kam die 1,4-Umlagerung zustande?

25 Es ist vor allem zu erwägen, ob für die Herstellung eines Olefins durch Eliminierung ein mono- oder ein bimolekularer Verlauf zu wünschen ist.

Es wird mehr als eine einzige, richtige Kombination der aufgeführten, alternativen Bedingungen geben. So werden für dipolare aprotische Lösungsmittel die optimalen Bedingungen anders als z. B. bei hydroxylhaltigen Medien sein usw.

26 Berücksichtigen Sie vor allem die aus **1** und **3** sich ergebende Stereochemie dieser Eliminierungen. Überlegen Sie weiter, was für zusätzliche Möglichkeiten für die Eliminierung die eingeführte Methylgruppe mit sich bringt.

27 Allgemein weisen positive Werte der Reaktionskonstante ρ auf einen anionischen (elektronenreichen), negative auf einen kationischen (elektronenarmen) Charakter des Reaktionszentrums im Übergangszustand der Reaktion hin. Aber auch bei gleichem Vorzeichen der ρ-Konstanten zweier Reaktionen kann man Schlüsse auf unterschiedlichen Charakter ihrer Übergangszustände ziehen, solange die ρ-Konstanten wesentlich verschieden voneinander sind. So ist bei einer Reaktion mit einer höheren positiven ρ-Konstante im Übergangszustand der anionische Charakter des Reaktionszentrums mehr entwickelt als bei einer ähnlichen Reaktion mit einem niedrigeren positiven ρ-Wert usw.

28 Wie schon im Zusammenhang mit dem Problem 26 erläutert, bildet die Verbindung **4** und ähnlich gebaute, cyclische Polyäther und Polyamino-äther-Verbindungen mit Alkali-Ionen clathratartige (Einschluß-)Komplexe. Diese Komplex-Ionen sind meistens sogar in wenig polaren, organischen Lösungsmitteln löslich und ziehen bei ihrer Auflösung auch die entsprechenden, anionischen Gegenionen in Lösung ein. Auf diese Weise können Lösungen von „freien", d. h. nicht-ionengepaarten und oft praktisch nicht-solvatisierten Anionen hergestellt werden.

29 Fassen wir zuerst die charakteristischen Merkmale der befragten Reaktion zusammen:
a) Sie wurde durch eine „harte" Base ausgelöst.
b) Ein β-ständiges H-, bzw. D-Atom wurde vom olefinbildenden Alkyl auf eine der am Schwefel gebundenen Methylgruppen übertragen.
c) Dazu sei noch verraten, daß dem Schwefel dabei eine wichtige Rolle zukam. Er trug zur Stabilisierung des bei diesem Mechanismus auftretenden Zwischenproduktes bei und förderte diesen Verlauf gegenüber der sonst üblicheren 1,2-Eliminierung.

30 Der einzig mögliche Wink, der nicht zugleich alles verrät, ist der folgende: Überlegen Sie bei jedem der sieben Punkte, mit welchen der vier Mechanismen der betreffende Befund unvereinbar ist. Falls einer der Vorschläge dieses Skrutinium überstanden hat, versuchen Sie dafür auch positive Stützen zu finden.

31 Die *p*-Nitrobenzoat-Gruppe ist bekanntlich eine viel bessere, der *p*-Methoxybenzoat-Rest eine wesentlich schlechtere Abgangsgruppe als das unsubstituierte Benzoat selbst. Der Grund dafür ist der stabilisierende, bzw. destabilisierende konjugative Effekt des *p*-Substituenten auf das entsprechende Säureanion und den zu seiner Abspaltung führenden Übergangszustand. Das unterschiedliche Verhalten kommt folglich kinetisch nur in solchen Reaktionen zum Vorschein, wo die O-Alkyl-Bindung des Esters im Übergangszustand des geschwindigkeitsbestimmenden Schrittes bereits polarisiert und gestreckt ist.

32 Die Summenformel von **4** weist gegenüber dem Edukt **1** einen Verlust von HCl auf. **4** ist also prinzipiell ein Eliminierungsprodukt. Eine 1,2-Eliminierung von HCl aus **1** ist jedoch durch die Struktur des Substrates ausgeschlossen: Es müßte eine „anti-Bredtsche" Verbindung entstehen, nicht zu sprechen davon, daß die dihedralen Winkel zwischen C–Cl und den benachbarten C–H-Bindungen keineswegs ideal für eine solche Eliminierung sind. Darüber hinaus würde eine solche 1,2-Eliminierung nicht, wie es unsere Aufgabe verlangt, zu einem Keton mit einer exocyclischen Methylen-Gruppe führen.
Die langsame Bildung von **2** und **3** in 80% Äthanol ist eine monomolekulare, über das Brückenkopf-Carboniumion **1C**$^+$ verlaufende Solvolyse[2].

---

[2] Abgesehen von den angegebenen Reaktionsbedingungen, die allein schon für eine S_N1-Reaktion sprechen, ist eine S_N2-Substitution bei Brückenkopf-Halogenderivaten des Typs **1** aus sterischen Gründen undenkbar.

Das Carboniumion 1C⁺ kann unmöglich bei der basischen Reaktion intermediär auftreten, denn sonst müßten auch wieder 2 und 3 gebildet werden. Auch die große Beschleunigung der basischen Reaktion gegenüber der bloßen Solvolyse ($k_{HO^-}/k_{HOS} = 3 \times 10^6$!) schließt einen gemeinsamen, geschwindigkeitsbestimmenden Schritt aus. Somit steht offenbar am Anfang des basisch katalysierten Prozesses das undissoziierte 1 dem HO^--Ion gegenüber.

Vergessen Sie nicht, Ihre Lösung des Problems darauf zu prüfen, ob sie die beobachtete Beschleunigung der Reaktion zufriedenstellend erklärt!

33 Der erste Teil der Aufgabe braucht keinen Kommentar. Was die etwas irreguläre Ergänzungsfrage nach dem Verlauf der Äther-Reaktion betrifft, wird ein Mechanismus angenommen, in dem das befragte Fragmentierungsprodukt von 2 zuerst vom Äther-Sauerstoff nukleophil angegriffen wird. Dadurch soll ein betainartiges Addukt entstehen, welches über einen sechsgliedrigen, cyclischen Übergangszustand in die Endprodukte (Äthylen und Phenetol) zerfällt.

34 Erinnern Sie sich an den Eliminierungsmechanismus bei vicinalen Dihalogenverbindungen mit Metallen und ziehen Sie eine Parallele dazu, allerdings mit einer „eingeschobenen" 1,5-Wasserstoff-Übertragung!

35 Kein optisch aktives Produkt kann aus einem symmetrischen Zwischenprodukt durch ein achirales Reagens entstehen.

36 Erinnern Sie sich an die bei Solvolysen von Phenäthyl-Halogeniden und -Sulfonaten auftretende Aryl-Wanderung und ihre Erklärung (Stichwort: Phenoniumionen)!

37 Eine wichtige Information über die Struktur von 2 kann man aus seiner Summenformel rein rechnerisch erhalten. Der Kohlenwasserstoff 2, $C_{21}H_{32}$, ist um 12 H-Atome ärmer als ein gesättigter, offenkettiger Kohlenwasserstoff mit derselben Anzahl an C-Atomen $C_nH_{2n+2} = C_{21}H_{44}$). Diese Differenz kann nur der Anwesenheit von Mehrfachbindungen oder Kohlenstoffringen zugeschrieben werden: Jede Ungesättigtkeit und jeder Ringschluß bedeuten einen Verlust von zwei H-Atomen. Wie wir wissen, besitzt 2 nur zwei Doppelbindungen (−4H), also muß es vier Kohlenstoffringe (−8H) enthalten. Ein Ring war schon im Ausgangsmaterial, drei weitere sind offenbar auf Kosten von drei Doppelbindungen entstanden, denn 1 hatte vier,

2 nur noch zwei Doppelbindungen, wobei noch eine weitere Doppelbindung durch Eliminierung gebildet wurde. Die „verschwundenen" Doppelbindungen haben sich bei der säurekatalysierten Reaktion gegenseitig abgesättigt und dabei Kohlenstoffringe gebildet.

Der Prozeß ist durch Säure ausgelöst worden. Die wahrscheinlichste Stelle in 1 für Protonierung (oder Komplexierung mit einer Lewisschen Säure) ist der Sauerstoff der alkoholischen Gruppe. Eine protonierte Alkoholgruppe, besonders eine tertiäre, spaltet leicht H_2O ab und bildet ein Carboniumion. Den Rest müssen Sie schon selbst erraten.

38 Ein cyclisches Jodoniumion ist hier ein Zwischenprodukt.

39 Die Stereochemie von 2 und 3 erlaubt eine Entscheidung darüber, ob 3 sekundär aus 2 oder ob beide Produkte nebeneinander aus einem gemeinsamen Zwischenprodukt entstanden sind.

40 Ein Stichwort sei hier dem Leser offeriert, um ihn auf den Gedankenweg von Hanack und Lamparter zu bringen: Reversible Aldolisierung!

41 Der Alkohol 6 kann nur aus der Tetrahydropyranyl-Gruppierung entstanden sein. Obwohl die Ketogruppe in 3 unter den Versuchsbedingungen mit dem Phosphoran nicht reagierte, spielte sie bei der Bildung von 6 eine wichtige Rolle. Als nämlich anstatt 3 das 2-Butoxytetrahydropyran 7 den oben erwähnten Reaktionsbedingungen ausgesetzt wurde, erfolgte keine Umsetzung zu 6.

$$CH_3-CH_2-CH_2-CH_2-O-\text{(Tetrahydropyranyl)}$$
7

42 Es sind vor allem polare und sterische Einflüsse, die hier berücksichtigt werden müssen. Allgemein wird die Anlagerung eines Nukleophils an eine Ester-Carbonylgruppe durch elektronenanziehende Substitution sowohl im Säurerest als auch in der Alkylgruppe gefördert. Sperrige Gruppen in beiden Teilen des Estermoleküls hemmen die Bildung des tetrahedralen Anlagerungsproduktes.

43 Es wird ein Beispiel einer Ring-Ketten-Tautomerie beschrieben.

44 Bisher haben wir – in den abgelehnten Mechanismen (b) und (c) – das Hydroxyl-Anion als ein Nukleophil betrachtet. Lassen Sie nun mal seine Eigenschaft als Base zum Vorschein kommen!

45 Alkyl- und Arylisocyanate reagieren bekanntlich mit Alkoholen und Aminen, bzw. Amiden zu Urethanen und Harnstoffderivaten.

$$R-N=C=O + R'-OH \longrightarrow R-NH-\underset{OR'}{\overset{C=O}{|}}$$

$$+ R'-NH_2 \longrightarrow R-NH-\underset{NH-R'}{\overset{C=O}{|}}$$

Dies soll Ihnen zur Lösung der Struktur von 2 verhelfen. Für den Rest der Aufgabe sei die basische Katalyse betont.

46 Noch ein letzter Wink für Sie zur Aufklärung des Reaktionsmechanismus: Bei der NaCN–HMPT-Reaktion konnte die abgespaltene Methylgruppe in Form von Acetonitril in guter Ausbeute gefaßt werden.

47 Eine wichtige Rolle kommt in diesem Schritt dem Jodidion zu.

48 Bei der besprochenen Synthese wurde die Bildung von Benzoin, das bekanntlich aus Benzaldehyd durch Einwirkung von Cyanidionen entsteht, beobachtet. Da jedoch die Benzoin-Reaktion reversibel ist, bleibt sie ohne störenden Einfluß auf die Anlagerungsreaktion und ihre Ausbeute. Wie wird nun eigentlich Benzoin aus Benzaldehyd gebildet? Könnte das dort auftretende, reaktive Zwischenprodukt nicht auch bei der Anlagerung an das ungesättigte Keton auftreten?

$$2\ \text{Ph-CH=O} \underset{}{\overset{CN^-}{\rightleftharpoons}} \text{Ph-}\underset{O}{\overset{}{C}}\text{-}\underset{OH}{\overset{}{CH}}\text{-Ph}$$

49 Fassen Sie das Problem als eine Übung in Michael-Additionen auf!

50 Die zwei Nitrierungsmittel unterscheiden sich unter anderem in ihrer Säurestärke. Im Vergleich zur stark sauren Lösung von HNO_3 in Schwefelsäure kann die Acetylnitrat-Lösung als ein „nicht-saures" Medium bezeichnet werden. Liegt also 1 in HNO_3-H_2SO_4 praktisch nur in seiner protonierten Form vor, so ist es in der Acetylnitrat-Lösung z. T. auch als Base vorhanden. Dies ist allerdings für die Orientierung der Substitution von entscheidender Bedeutung.

51 Die Cyclopropylgruppe hat bekanntlich einen stark stabilisierenden Effekt auf benachbarte *kationische* Zentren. Dies allerdings nur unter bestimmter geometrischer Voraussetzung: Die bananenförmigen Cyclopropanorbitale müssen zu diesem Zwecke mit dem unbesetzten *2p*-Orbital des sp^2-Carboniumzentrums genügend seitlich in Wechselwirkung treten. Die volle Auswirkung des Effektes bleibt also auf bestimmte Konformationen der Carboniumionen (bzw. der ihnen vorangehenden Übergangszustände) beschränkt. Sind diese gehindert, so kommt die Stabilisierung nur teilweise oder gar nicht zur Geltung.

Jetzt müssen Sie sich gut überlegen, welche Konformation, bzw. welche Konformationen günstig sind und wie dies auf unser S_E Ar-Beispiel übertragen werden kann.

52 Die Protonierung in *p*-Xylol kann entweder an einem der CH_3-tragenden Kohlenstoffatome (**1a**) oder in einer der *o*-Stellungen (**1b**) erfolgen:

Für die Methylwanderung ist besonders der erstgenannte Typ des σ-Komplexes (**1a**) von Bedeutung.

53 Die zu vergleichenden Formen der σ-Komplexe der drei isomeren Xylole sind wie folgt:

Von diesen Formen müssen Sie nun die die hyperkonjugativen Beiträge der Methylgruppen repräsentierenden Strukturen, wie etwa ableiten und die daraus resultierende Stabilisierung der σ-Komplexe beurteilen.

54 Sie gehen richtig in Ihrer Annahme, daß es sich um einen besonders stabilen Meisenheimer-Komplex handelt. Warum ist er hier eigentlich so stabil ? (Komplexe dieser Art können oft in Lösungen nachgewiesen, seltener jedoch isoliert werden.)

55 Es wäre vielleicht angemessen zu erklären, was man unter einer *bifunktionellen Katalyse* versteht. Meistens wird dieser Begriff im Zusammenhang mit Protonübertragungen von einer Stelle auf eine andere innerhalb eines Moleküls benutzt, und als bifunktionelle Katalysatoren werden Verbindungen bezeichnet, die eine solche Übertragung synchron in einem Cyclus ermöglichen. Sie müssen dabei zugleich als Proton-Donatoren und -Akzeptoren dienen. Ein Beispiel:
Die Mutarotation von Zuckern wird in aprotischen Medien durch 2-Pyridon stark beschleunigt und die Funktion des Katalysators wie folgt erklärt[3]:

56 Die Aufgabe der Ameisensäure ist es, die alkoholische Gruppe in **1** zu protonieren. Dadurch wird diese zu einer guten Abgangsgruppe.

57 1. Die Lewissche Säure koordiniert mit der basischsten Stelle in **1**, nämlich mit dem Carbonyl-Sauerstoff.
2. Im darauf anschließenden Prozeß besteht ein Zusammenhang mit
a) der Cyclopropylmethyl–Homoallyl-Umlagerung,

b) Carboniumion-Additionen an C=C-Doppelbindungen.

---

[3] Swain, C. G., Brown, J. F., jr.: J. Amer. Chem. Soc. 74, 2534 (1952).

58 In derselben Publikation geben Conia und Mitarbeiter noch ein anderes Beispiel, diesmal einer kurzfristigen Ringverengung bei 2-Alkyliden-1-cyclobutanolen an: 2-Methylen-1-cyclobutanol 3 ging durch vierstündiges Erhitzen auf 245°C oder durch kurzes Erwärmen mit 5% Schwefelsäure auf 100°C quantitativ in 1-Methyl-cyclopropan-1-carboxaldehyd 4 über.

Es ist nicht schwer, für die säurekatalysierte Umlagerung einen vernünftigen Mechanismus vorzuschlagen (versuchen Sie es, bitte !). Da durch die thermische Reaktion dasselbe Produkt entstand und da in der Arbeit keine Angaben über ein Abfangen von eventuellen Spuren von Säuren während des Erhitzens (durch Zugabe von Basen) zu finden sind, kann der säurekatalysierte Prozeß auch hier nicht ganz ausgeschlossen werden. Dieselbe Möglichkeit gilt allerdings auch für die Umwandlung von 1 zu 2. Auf der anderen Seite scheint eine cyclische Wasserstoffübertragung die thermische Ringverengung auch gut zu erklären.

59 Wie noch später erklärt werden wird, bestehen gute Gründe zur Annahme eines hochgespannten, tricyclischen Zwischenproduktes der Summenformel C_7H_7BrO auf dem Wege von 2 zu 3.

60 Wichtig ist, die jeweilige, bevorzugte Konformation von 5–8 richtig aufzuzeichnen. Dann müssen Sie nur noch die in der Aufgabe formulierten Migrierungs-, bzw. Beteiligungsregeln anwenden.

61 Es empfiehlt sich, zuerst jedes der drei Experimente einzeln und systematisch bezüglich aller vorgeschlagenen Mechanismen auszuwerten. Diejenige Vorstellung, bzw. diejenigen Vorstellungen, die dieses Ausscheidungsverfahren überlebt haben, sollten dann im Lichte aller drei Experimente noch einmal überprüft werden.

62 Das Chinol 5 und vorher noch das entsprechende Imin 10 sind offenbar Zwischenprodukte auf dem Wege von 3 zu 4. Die Isomerisierung von 5 zu 4 ist eine Dienon-Phenol-Umlagerung.

Wie die Versuche mit alkoholischer Schwefelsäure und mit HCl vermuten lassen, handelt es sich bei der Bildung von **10** nicht um eine intramolekulare Wanderung der OH-Gruppe vom Stickstoff in die *p*-Stellung des Benzolringes, sondern vielmehr um einen intermolekularen Prozeß.

63 Es handelt sich um eine Dienon-Phenol-Umlagerung. Bedienen Sie sich des allgemein akzeptierten Mechanismus von Woodward und Singh (1950).

64 Nach der weitgehend akzeptierten Vorstellung von Dewar[4] läuft die Benzidin- und Semidinumlagerung über einen π-Komplex (**B**), der aus dem monoprotonierten Hydrazobenzol in seiner „zusammengefalteten" Konformation (**A**) entsteht. Ein Auseinanderfalten des Komplexes unter gleichzeitiger Entwicklung einer σ-Bindung in den *p*-Stellungen (dieser Vorgang ist wahrscheinlich mit einer weiteren Protonierung verbunden) führt dann zu Benzidin **C**. Wenn sich jedoch die Ringe im Komplex **B** vorher gegenseitig um 60°, 120° bzw. 180° verdreht haben, so entsteht *o*-Semidin **D**, Diphenylin **E** bzw. *p*-Semidin **F**.

In der Verbindung **1** liegt nun ein Hydrazobenzol-Derivat vor, bei dem die Äthylenbrücke zwar die für die Umlagerung nötige, zusammengefaltete Konformation **A₁** erlaubt, das Auseinanderfalten zum entsprechenden Benzidin jedoch verhindert.

---

[4] Dewar, M. J. S.: The Electronic Theory of Organic Chemistry. Oxford: Oxford University Press. 1949.

Ebenso unmöglich ist hier eine Diphenylin- und p-Semidinumlagerung. Die Möglichkeiten für eine o-Semidinumlagerung müssen Sie selber überlegen. Dazu sei Ihnen verraten, daß eine kurzfristige Behandlung von **1** mit methanolischem Chlorwasserstoff zu einer mit **1** isomeren Verbindung **2**($C_{14}H_{14}N_2$) führte. Das NMR-Spektrum von **2** deutete darauf hin, daß die in **1** vorhandene Symmetrie bei der Umwandlung zu **2** verloren ging und daß einer der ursprünglichen zwei Benzolringe nicht mehr aromatisch ist; neben einem „aromatischen" 4H-Multiplett bei τ = 2.90–3.50 war im Spektrum von **2** ein anderes 4H-Multiplett bei etwas höherem Feld (τ = 3.60–4.10) zu finden.

Katalytische Hydrierung von **2** gab ein Tetrahydroderivat **3** ($C_{14}H_{18}N_2$), welches mit wässriger Salzsäure zu einem kristallinen Keton **4** ($C_{14}H_{17}NO$) leicht hydrolysiert wurde. Das IR-Spektrum der letzteren Verbindung wies neben einer CO-Absorptionsbande bei 1685 cm^{-1} eine NH-Bande bei 3300 cm^{-1} sowie die für o-disubstituierte Aromaten typischen Absorptionen bei 1725–1900 cm^{-1} und 740 cm^{-1} auf. Das Keton **4** konnte schließlich nach Wolff-Kishner zum spirocyclischen Amin **5** reduziert werden.

65 Es handelt sich um eine *Pummerer-Umlagerung*, die bei Dialkyl- und Alkyl-arylsulfoxiden beim Erhitzen mit Carbonsäureanhydriden eintritt und zu α-Acyloxysulfiden führt:

Die Aufgabe des Anhydrids besteht vor allem darin, den Sulfoxid-Sauerstoff zu acylieren und ihn so in eine gute Migriergruppe überzuführen. Außerdem wird — offenbar durch das dabei freigesetzte Carbonsäureanion — ein Proton aus der α-Stellung zum S-Atom abgespalten. So entsteht ein Schwefel-Ylid (**4**), welches sich durch intramolekulare Wanderung der Acyloxy-Gruppe und Elektronenverschiebung stabilisiert.

66 Die erwähnten Befunde erinnern an bestimmte stereochemische Gesetzmäßigkeiten bei Carboniumionen-Reaktionen, in denen Brom als Nachbargruppe auftritt.

67 Insgesamt drei Produkte sind von Huang und Lee isoliert worden (*tert.* Butanol und *tert.* Butylhydroperoxid bleiben dabei unberücksichtigt):
a) Bei tieferer Temperatur (30–45°C) entstand hauptsächlich Verbindung 5 der Zusammensetzung $C_{28}H_{22}O_2$, deren NMR-Spektrum auf eine symmetrische (dimerartige) Struktur hindeutet.
b) Bei höheren Temperaturen (120–125°C) wurden Anthrachinon 7 und eine andere, „dimere" Verbindung 8, $C_{28}H_{18}O_2$, isoliert. Die beiden letztgenannten Verbindungen sind jedoch als Produkte dehydrierender, bzw. oxidativer Folgereaktionen eines gemeinsamen Vorläufers 6, $C_{14}H_{10}O$, anzusehen. Die Ausbeuten an allen Produkten waren übrigens sehr niedrig.

68 In allen drei Fällen sind vor allem Produkte einer *Fragmentierung* der Hypochlorite zu finden. Die Zersetzung kann mit einem einfachen allgemeinen Schema, welches den kettenartigen Charakter des Prozesses zum Ausdruck bringt und die entsprechenden Alkoxy-Radikale als Zwischenprodukte betrachtet, beschrieben werden.

Die Neigung zur Fragmentierung ist nicht bei allen Hypochloriten gleich groß. Sie scheint von der Natur der am zentralen Kohlenstoff gebundenen Alkylgruppen abhängig zu sein. Offenbar gibt es leichter und weniger leicht abspaltbare Alkyle und dies bestimmt das Ausmaß und die Richtung der Fragmentierung. Unter Umständen werden auch *Lösungsmittel* in die Zersetzung der Hypochlorite einbezogen. Auch eine *intramolekulare Wasserstoffübertragung* findet statt, sofern es die Geometrie des Substrates erlaubt.

69 Als Grundreaktion ist die photolytische Bildung eines Alkylradikals aus einem Diacylperoxid anzusehen.

$$R-\overset{O}{\underset{}{C}}-O-O-\overset{O}{\underset{}{C}}-R \xrightarrow{h\nu} 2\ R-\overset{O}{\underset{}{C}}-O\cdot \longrightarrow 2\ R\cdot\ +\ 2\ CO_2$$

Im allgemeinen entreißt das so gebildete Radikal beim Zusammenstoß mit einem anderen Molekül – meistens einem Lösungsmittelmolekül – diesem ein H-Atom (oder auch ein anderes Atom) unter Bildung einer stabilen Verbindung R–H, bzw. R–X. Daneben kann es aber auch mit einem anderen Radikal unter Dimerisierung (a) oder Disproportionierung (b) reagieren.

$$(a) \quad 2\,R\cdot \longrightarrow R-R$$

$$(b) \quad 2\,R\cdot \longrightarrow [R+H] + [R-H]$$

Weiterhin kann es an ein ungesättigtes oder auch aromatisches System addiert werden. Diese letztgenannte Möglichkeit gibt den Schlüssel zur Lösung unseres mechanistischen Problems.

70 Der erste, „polare" Teil des Abbau-Schemas, d. h. die Bildung des Carbinolamids 9, benötigt keinen Kommentar. Nur bei der Zink-Reduktion könnte vielleicht ein Hinweis auf reduktive Eliminierungen des Typs (1) die letzten Zweifel zerstreuen.

$$2e^- \curvearrowright \quad X{-}C{-}C{-}Y \longrightarrow X^- \quad >\!C\!=\!C\!<\quad Y^- \qquad (1)$$

Eine ergänzende Bemerkung verlangt eher die Bleitetraacetat-Reaktion. Es ist bekannt, daß Bleitetraacetat in Lösung seine Acetoxygruppen gegen die Reste anderer Carbonsäuren austauscht. Eine ähnliche Reaktion findet nach Heusler auch zwischen $Pb(OAc)_4$ und Alkoholen statt:

$$Pb(OAc)_4 + n\,ROH \rightleftharpoons Pb(OAc)_{4-n}(OR)_n + n\,AcOH$$

In den so entstandenen (nicht isolierten) Alkoxy-Bleiacetaten erfolgt sehr leicht eine Ein-Elektron-Übertragung vom Alkoxy-Sauerstoff zum Metall unter Bildung von Alkoxy-Radikalen $R-O\cdot$. Diese sind aber instabil und unterliegen verschiedenen Folgereaktionen, unter anderem auch Fragmentierungen.

71 Allgemeine Voraussetzung für das Auftreten der bei 1 beobachteten Photoreaktion ist, daß das Substrat über (mindestens) ein zur Carbonylgruppe γ-ständiges Wasserstoffatom verfügt:

72 In diesem Falle beginnt die photochemische Umwandlung mit der bei Ketonen oft eintretenden Spaltung der Bindung zwischen dem Carbonyl und einem der α-ständigen Kohlenstoffatome (Norrishsche Spaltung ersten Typs):

73 Zur Bestätigung der Richtigkeit Ihrer Lösung sei noch erwähnt, daß beim Auftauen der das Zwischenprodukt 2 enthaltenden Matrix die vorher bekannte, spirocyclische Verbindung 4 entstand.

$$2 \xrightarrow{\Delta} 4$$

74 Als erstes Zwischenprodukt wird ein stickstoffhaltiges Radikal des Typs A erwogen.

$$R^1-\dot{N}-R^2$$
$$\underline{A}$$

75 1,2-Cyclononadien 2 ist vorher schon einmal aus 9,9-Dibrombicyclo[6.1.0]nonan 3 durch Einwirkung von Methyllithium hergestellt worden[5].

Ob da irgendein Zusammenhang mit unserem Problem besteht?

76 Es ist da nicht leicht, einen Wink zu geben, ohne den Spaß an der Lösung zu verderben. Das folgende Beispiel einer (2+2+2)-Cycloaddition bei Norbornadien[6] sagt schon viel zu viel.

77 In dieser Reaktion kommt der elektrophile Charakter der Acylcarbene zum Vorschein: Die Elektronenlücke am Carben-Kohlenstoffatom wird durch die Anlagerung eines Diazoketon-Moleküls aufgefüllt. Es entsteht ein labiles Zwischenprodukt, das durch spontane Stickstoff-Abspaltung das Endprodukt bildet.

---

[5] Skattebøl, L.: Tetrahedron Letters *1961*, 167. Acta Chem. Scand. *17*, 1683 (1963).

[6] Blomquist, A. T., Meinwald, Y. C.: J. Amer. Chem. Soc. *81*, 667 (1959).

78 Hier ist eher an eine Ergänzung der an sich leichten Aufgabe als an einen Hinweis zu denken: Vorausgesetzt, daß die Umlagerung schon bei der NMR-Meßtemperatur schnell eintritt, was für Folgen hat sie für die NMR-Spektren der drei erwähnten Verbindungen?

79 Die Aufgabe ist nicht schwer, dennoch ein Wink: Der Kohlenwasserstoff **1** ist aus 1,8-Dimethylnaphthalen durch Einwirkung von N-Bromsuccinimid (2 Äquivalente) in CCl_4, nachfolgendes Erhitzen mit Triphenylphosphin (2 Äquivalente), Reaktion des entstandenen Salzes mit einer Lösung von NaH (2 Äquivalente) in Dimethylsulfoxid und schließlich durch Einleiten von überschüssigem Formaldehyd-Gas in das resultierende Reaktionsgemisch synthetisiert worden.

80 Die Lösung für **2** ergibt sich (fast) von selbst, wenn Sie von der *s-cis*-Konformation von **1** (siehe unten) ausgehen und im folgenden die Orbitalsymmetrie-Regeln von Woodward und Hoffmann anwenden.

81 Das Ungewöhnliche bei unserem Problem liegt nicht im Charakter der ersten Reaktion — sie ist zwar interessant aber keineswegs außergewöhnlich — sondern eher im Charakter des Produktes **3** selbst. Dieser äußert sich bei Hydrolyse von **3** zu **4**.

82 Fassen wir zuerst die wichtigsten Angaben zusammen:
1. Die Reaktion, in der **4a,b** aus den Komponenten **2** und **3** entstanden sind, ist offenbar ein nicht-katalysierter, thermischer Prozeß.
2. Beide Komponenten traten dabei ohne Eliminierung eines Spaltstückes zusammen. Es handelt sich also um eine Addition.
3. Wie der Enoläther **3** an den ungesättigten Aldehyd **2** angekoppelt worden ist, kann dem Kohlenstoffgerüst des Diacetals **5** entnommen werden.
4. Die Aldehyd-Gruppe von **2** nahm an der thermischen Addition direkt teil, denn sie ist im Produkt **4a,b** nicht mehr als solche vorhanden. Sie wurde jedoch dabei in eine Funktion umgewandelt, aus der durch saure Methanolyse die „obere" Dimethylacetal-Gruppe in **5** entstehen konnte.
5. Vergessen wir weiter nicht die IR-Angaben über **4a** und **4b**.

83 Die Woodward-Hoffmann-Regeln für Cycloadditionen geben auch hier die richtige Antwort.

84 Benzol ist hier nicht nur Lösungsmittel, sondern auch Reaktionspartner. Außerdem müssen die Woodward-Hoffmann-Regeln wieder in Betracht gezogen werden.

85 In manchen Reaktionen kann das Verhalten von Cycloheptatrien durch ein Gleichgewicht zwischen der monocyclischen Struktur 1 und deren Cope-Umlagerungsprodukt — Bicyclo[4.1.0]heptadien 1A — erklärt werden.

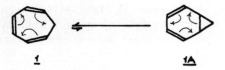

Die Theorie der Erhaltung der Orbitalsymmetrie läßt jedoch auch eine direkte Cycloaddition zwischen Cycloheptatrien in seiner monocyclischen Form und Acrylonitril zu.

86 Zuerst eine Warnung: Denken Sie ja nicht an Bicyclo[2.2.1]heptadien 4 als Partnerkomponente für Tropon. 4 könnte zwar mit dem letzteren zu 3 reagieren, aber nur *unter Bestrahlung* (es wäre eine supra-suprafaciale [6+2]-Cycloaddition, daher nur im angeregten Zustand erlaubt).

Und nun noch ein Hinweis: Die richtige Komponente 2 für die *thermische* Cycloaddition ist mit 4 genetisch verwandt — sie wird aus 4 hergestellt — und obwohl sie sich an der gefragten Cycloaddition mit vier Elektronen beteiligt, besitzt sie keine Mehrfachbindungen!

87 Die hier zugrundeliegende Reaktion ist 1967 von einer Arbeitsgruppe der University of Texas in Austin[7] entdeckt und an einfachen Beispielen studiert worden. So sind für die thermische Umlagerung von 2-Acetyl-1,1-dimethylcyclopropan 4 zu 2-Methyl-1-hexen-5-on 5 eine monomolekulare Geschwindigkeitskonstante ($k_1^{152°}$ = $4.0 \times 10^{-5} \cdot Sec^{-1}$), sowie die Aktivierungsenthalpie ($\Delta H^{\ddagger}$ = 30 kcal/Mol) und -entropie ($\Delta S^{\ddagger}$ = −10 eu) ermittelt worden.

---

[7] Roberts, R. M., Landolt, R. G., Greene, R. N., Heyer, E. W.: J. Amer. Chem. Soc. *89*, 1404 (1967)

[Reaction scheme: compound **4** (1-acetyl-2,2-dimethyl-3-H cyclopropane) →(>150°C) compound **5** (CH₃–CO–CH₂–CH₂–C(=CH₂)–CH₃)]

Sehr aufschlußreich für den Reaktionsmechanismus war das unterschiedliche thermische Verhalten von *cis*- und *trans*-2-Acetyl-1-methylcyclopropan: Das *cis*-Isomere **6** ging bei 160°C in 12 Stunden vollständig in das ungesättigte Keton **7** über, die *trans*-Verbindung **8** erwies sich dagegen unter diesen Bedingungen als völlig stabil.

[Reaction scheme: *cis* compound **6** →(12 Stdn. 160°C) $CH_3-CO-CH_2-CH_2-CH=CH_2$ (**7**)]

[Reaction scheme: *trans* compound **8** →(ditto) keine Reaktion]

88 Ein nicht gleich alles verratender Wink ist hier kaum denkbar.

C. Lösungen

1 Tricyclo[3.2.1.0^{1,5}]octan 2 ist der erste bekannte Kohlenwasserstoff mit invertierter Tetraheder-Geometrie der Brückenkopf-Kohlenstoffatome. Legt man durch die drei, mit jedem Brückenkopf-C-Atom jeweils direkt verbundenen Methylengruppen eine Ebene, so schneidet diese die zentrale C—C-Bindung, d. h. das Brückenkopf-Kohlenstoffatom liegt nicht mehr innerhalb seines Valenztetraheders.

Solche starke Deformation der normalen Valenzwinkel geht allerdings auf Kosten der Stabilität von 2. Die große Spannungsenergie des Kohlenwasserstoffs (sie wird auf etwa 60 kcal/Mol geschätzt) hat zufolge, daß schon milde Reagentien (z. B. Essigsäure) die zentrale C—C-Bindung unter Bildung von nahezu spannungsreien Bicyclo[3.2.1]octan-Derivaten zu sprengen vermögen.

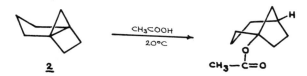

Dagegen ist 2 *thermisch* bemerkenswert stabil: Die Halbwertszeit bei 195°C beträgt immer noch 20 Stunden. Wie Wiberg und Burgmaier[1] erklären, kann die zentrale C—C-Bindung, deren Spaltung allein die Spannung des Systems bedeutend vermindern würde, nicht leicht gelöst werden. Die beiden entstandenen Brückenkopforbitale wären nicht weit genug voneinander entfernt und würden weiter stark überlappen. Eine Spaltung des Cyclobutanrings in 2 unter Bildung von 1,3-*bis*-Methylencyclohexan kommt wieder aus Orbitalsymmetrie-Gründen nicht in Frage (sie ist symmetrieverboten).

Ähnlich ungewöhnliche Valenzwinkel liegen bei Tricyclo[2.2.2.0^{1,4}]-octan (besser unter dem Namen von [2.2.2]Propellan bekannt) 3 vor. Bei diesem hochlabilen Kohlenwasserstoff ist die Zentralbindung besonders schwach. Sie wird nicht mehr für eine echte σ-Bindung gehalten. Man glaubt vielmehr, daß sie durch Überlappen der *p*-Orbitale der *sp*^{2}-artig hybridisierten Brückenkopfatome zustande kommt[2,3,4].

---

[1] Wiberg, K. B., Burgmaier, G. J.: J. Amer. Chem. Soc. *94*, 7396 (1972).
[2] Eaton, P. E., Temme, G. H. III: J. Amer. Chem. Soc. *95*, 7508 (1973).
[3] Wiberg, K. B., Epling, G. A., Jason, M.: J. Amer. Chem. Soc. *96*, 912 (1974).
[4] Dannenberg, J. J., Prociv, T. M., Hutt, C.: J. Amer. Chem. Soc. *96*, 913 (1974).

Jede neue, erfolgreiche Synthese eines hochgespannten Systems führt die Organiker in Versuchung, den Valenzwinkel des Kohlenstoffs noch mehr oder anders als vorher zu deformieren. Man möchte allerdings wissen, wo die Grenzen des Möglichen liegen, und auf diese Weise mehr über die Bindungsfähigkeiten und -verhältnisse beim Kohlenstoff erfahren. So haben schon vor Jahren Wiberg und Burgmaier ihr Interesse am Kohlenwasserstoff 4 mit „*flachem*" Zentral-Kohlenstoffatom bekundet und es wurden auch Pläne zur Synthese dieser bemerkenswerten Verbindung angemeldet. (Man hat sogar schon einen „passenden" Namen für diese, noch nicht existierende Verbindung gefunden: Fenestran, vom lateinischen *fenestra* = Fenster!) Ob die Pläne realisierbar sind, ist noch zu beweisen. Die Theoretiker sind eher skeptisch: Der von ihnen berechnete Energieunterschied zwischen planarem und tetrahedralem Kohlenstoffatom beträgt, je nach der benutzten Methode, zwischen 170 und 250 kcal/Mol. Die flache Anordnung der Bindungen am zentralen Kohlenstoffatom könnte nach Wiberg nur durch eine Beteiligung der *3d*-Orbitale erreicht werden.

2 Beim 9-(2', 6'-Dimethylphenyl)-fluoren 1 besteht eine sterisch bedingte Rotationsbarriere um die $C_{(9)}-C_{(1')}$-Bindung. Die 2,6-Dimethylphenyl-Gruppe steht ungefähr senkrecht zu dem Fluoren-Teil des Moleküls und kann um diese Lage nur oszillieren. Eine der Methyl-Gruppen bleibt dabei immer an der „konkaven", die andere an der „konvexen" Seite des Moleküls. Dies macht allerdings die zwei Methyl-Gruppen nicht-äquivalent und darum sind auch zwei Monobrommethylderivate, 2 und 3, möglich.

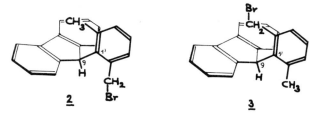

Eine 2 ⇌ 3-Isomerisierung findet erst dann statt, wenn das Molekül durch genügende Energiezufuhr in Vibrationen geraten ist, die das Durchdrehen um die $C_{(9)}-C_{(1')}$-Bindung ermöglichen.

Eine Isomerie, die auf sterischer Hinderung der freien C–C-Drehbarkeit beruht (*Atropisomerie*) ist seit 1922 bei Biphenylderivaten, wie etwa 4a,b, bekannt[5]. Dort

---

[5] Christie, G. H., Kenner, J.: J. Chem. Soc. *121*, 614 (1922).

führt sie allerdings zu enantiomeren Verbindungen und nicht, wie in unserem Fall, zu zwei Stereoisomeren[6].

3 Die *trans*-Anordnung der Doppelbindung in einem relativ kleinen Ring zwingt das *trans*-Cycloocten in eine starre und asymmetrische Konformation. Der Kohlenwasserstoff kann in zwei stabilen, enantiomeren Formen **2a**, **2b** existieren, von denen eine eben dem hier diskutierten (−)-Isomeren zukommt. Ein Übergang **2a** ⇌ **2b** wäre nur beim „Durchschwingen" des gesättigten Teils der cyclischen Kette über die H-Atome der Doppelbindung vorstellbar, dafür ist jedoch die Kette zu kurz und unbeweglich.

Diese Art optische Isomerie ist allerdings nur auf mittelgroße (8–10-gliedrige) Ringe begrenzt. Bei größeren *trans*-Cycloalkenen ist ein Durchschwingen der Kette gut möglich und darum kann man bei ihnen mit der Existenz isolierbarer enantiomerer Konformeren nicht mehr rechnen.

4 Die aromatischen Ringe im [2.2]Paracyclophen **1** (sowie diejenigen von [2.2]Paracyclophan **3**) sind gegeneinander parallel und senkrecht zur Ebene der beiden Brücken angeordnet. Darum stehen auch die π-Orbitale der Benzolringe in **1** senkrecht zu demjenigen der Doppelbindung und können mit ihm nicht überlappen.

---

[6] Nakamura, M., Oki, M.: Tetrahedron Letters *1974*, 505.

In unserer Darstellung von 1 ist eine Verdrehung der p-ständigen Bindungen aus den Ebenen der aromatischen Ringe angedeutet. Eine solche Abweichung von der üblichen Koplanarität ist bei [2.2]Paracyclophan 3 durch Röntgenanalyse seiner Kristalle festgestellt worden. Sogar die Benzolringe selbst sind in 3 etwas gebogen und weichen um etwa 11° vom normalen, flachen Zustand ab — dies als Folge der inneren Spannung in einem kleinen und starren System und auch wegen der Abstoßung der zu dicht übereinander liegenden aromatischen π-Elektronensysteme[7].

5 Da eine C=C-Doppelbindung mit ihren vier Substituenten prinzipiell ein planares Gebilde darstellt, sollten die aus der 9- und 10-Stellung von Dehydroanthracen-Derivaten ausgehenden, exocyclischen Doppelbindungen und die drei Ringe in einer Ebene liegen:

In 1 sind diese Doppelbindungen von der natürlichen, ebenen Lage um ~ 90° verdreht, so daß man fast geneigt wäre, die Existenz eines solchen Kohlenwasserstoffs zu bezweifeln. Er existiert aber. Die Röntgen-Analyse seiner Kristalle zeigte jedoch, daß die Natur eine Kompromißlösung der Krisensituation suchen mußte: Die doppelt gebundenen Kohlenstoffatome sind aus der Ebene der mit ihnen direkt verbundenen Benzolring-C-Atome etwas auswärts verschoben und zugleich erhielten die zwei Dehydroanthracen-Einheiten, wie übrigens in unserer Formel für 1 schon angedeutet, eine schmetterlingartig gefaltete Form. Die von den doppelt gebundenen Kohlenstoffatomen ausgehenden σ-Bindungen sind um etwa 20° von der üblichen Ebene verbogen. Diese pyramidale Anordnung der Bindungen wurde allerdings nur auf Kosten des Doppelbindungscharakters erreicht: Der Hybridisierungszustand der Brücken-C-Atome liegt zwischen demjenigen eines sp^2- und eines sp^3-Kohlenstoffs.

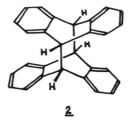

Wegen fehlender Koplanarität besteht zwischen den aromatischen Ringen einerseits und den beiden C=C-Doppelbindungen anderseits keine Konjugation: Das UV-Spektrum von 1 ist demjenigen von Dianthracen 2 ähnlich.

2

---

[7] Dewhirst, K. C., Cram, D. J.: J. Amer. Chem. Soc. *80*, 3115 (1958).

Erwartungsgemäß erwies sich 1 als sehr reaktiv gegenüber vielen Reagentien[8].

6 Die pK$_a$-Werte spiegeln die thermodynamischen Stabilitäten der entsprechenden Carbanionen wider. Die viel größere Beständigkeit des Fluorenyl- (1a) im Vergleich mit Diphenylmethyl-Anion (2a) hängt mit der aromatischen Stabilisierung des Cyclopentadienyl-Anions 3 zusammen. Diese bekanntlich sehr stabile Elektronenstruktur — sie folgt der Hückelschen 4n+2-Regel für aromatische Systeme — ist im mittleren Ring von 1a enthalten[9]. Das Diphenylmethyl-Anion 2a wird dagegen nur durch Konjugation des Zentrums der negativen Ladung mit den beiden Benzol-Ringen stabilisiert — eine Stabilisierung, die übrigens auch bei 1a, und hier wegen der Planarität des Moleküls sogar mehr als bei 2a, zustande kommt.

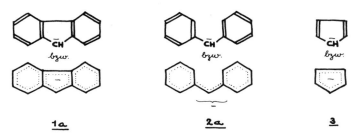

7 1.8-*Bis*-Dimethylaminonaphthalen ist ein sterisch überlastetes Molekül (*overcrowded molecule*). Das starre aromatische Grundgerüst erlaubt den sperrigen und polaren Dimethylamino-Gruppen kein wesentliches Ausweichen aus der Koplanarität mit dem Ringsystem und führt zu starken van der Waalsschen und Dipol-Dipol-Abstossungen. Konformationen, in denen die Orbitale der freien Elektronenpaare an beiden Stickstoffatomen mit den π-Orbitalen des Naphthalens gut überlappen könnten, werden durch diese Abstoßungskräfte gestört und darum kann sich auch die Konjugation der Elektronenpaare mit dem aromatischen π-Elektronensystem, die bei aromatischen Aminen zur Abschwächung ihrer Basizität führt, nur unvollkommen entwickeln. Die Konformation 1b, in der sich die vier Methylgruppen sterisch am wenigsten stören würden, bringt die freien Elektronenpaare in eine energetisch äußerst ungünstige Lage. Dieser negative Effekt wird jedoch durch „Einlegen" eines Protons, wie etwa in 2, vollkommen beseitigt: Das entstandene Monokation ist in dieser Konformation mit einer starken [N—H ··· N ↔ N ··· H—N]-Bindung „sehr zufrieden". Darum wirkt 1 wie ein „Protonenschwamm" (*proton sponge*) und ist auch unter diesem Namen als starke Base ohne nukleophile Eigenschaften für den Gebrauch in der organischen Synthese erhältlich. Warum 1 nicht nukleophil ist, ist leicht zu begreifen: jede Substitution an den N-Atomen, ausge-

---

[8] Viavattene, R. L., Greene, F. D., Cheung, L. D., Majeste, R., Trefonas, L. M.: J. Amer. Chem. Soc. **96**, 4342 (1974).
[9] Die Ladungsverteilung im Cyclopentadienyl-System von 1a ist allerdings wegen der annellierten zwei Benzol-Ringe nicht mehr so ideal wie bei Cyclopentadienyl-Anion 3 selbst, was sich durch eine herabgesetzte Acidität von Fluoren gegenüber Cyclopentadien äußert (pK$_a$ des letzteren liegt bei 15).

nommen diejenige mit einem Wasserstoff, macht die sterischen Verhältnisse noch schlimmer (1 wurde z. B. nach viertägigem Kochen mit Äthyljodid in Acetonitril unverändert zurückgewonnen.)

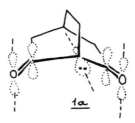

8 Die Enol-Form von 1 verletzt die Bredtsche Regel. Das Anion 1a wird wegen fehlender Überlappung der betreffenden Orbitale (des p-Orbitals am Brückenkopf mit den π-Orbitalen der Carbonylgruppen) nicht stabilisiert[10].

9 Nach der Hückelschen Regel soll das Cyclopropenyl-Carboniumion als ein $(4n+2)$-π-Elektronensystem ($n = 0$) besonders resonanzstabilisiert (aromatisch) sein. Bei **1** wird dieser Zustand schon durch Polarisierung der C=O-Doppelbindung erreicht:

Die Wasseranlagerung an das positive C findet wegen zu hoher Aktivierungsenergie eines solchen Prozesses nicht statt: Zu der üblichen Addition-Aktivierungsenergie müßte man noch den Betrag der Resonanzenergie des aromatischen Systems, der dadurch aufgehoben würde, dazurechnen[11].

---

[10] Bartlett, P. D., Woods, G. F.: J. Amer. Chem. Soc. *62*, 2933 (1940).

[11] Tsukada, H., Shimanouchi, H., Sasada, Y.: Tetrahedron Letters *1973*, 2455; Breslow, R., Haynie, R., Mirra, J.: J. Amer. Chem. Soc. *81*, 247 (1959).

10 Bei der sauer katalysierten Acylierung ist das Z-Enol 1 mit der intramolekularen H-Bindung die reaktive Form des Acetessigesters und aus dieser entsteht dann überwiegend das Z-Acetoxyderivat 2.

In Anwesenheit von Triäthylamin (in Hexamethylphosphorsäuretriamid) existiert der Acetessigester in Form seines Enolat-Ions 1a, bei dem die E-Konformation wegen der maximalen Trennung der negativ geladenen O-Atome bevorzugt wird. Dies führt überwiegend zum E-Acetoxycrotonsäureester 3[12].

11 Es handelt sich um ein Haloniumsalz, Tetramethylenbromoniumfluorantimonat 1.

Ein anderes, auch von Olah und Mitarbeitern beschriebenes, kristallines Haloniumsalz ist das Dimethylbromoniumfluorantimonat 2, das sich sogar erst bei Temperaturen oberhalb 100°C zersetzt.

Sonst werden überbrückte Haloniumionen 3 als reaktive Zwischenprodukte z. B. bei Halogen-Additionen an C=C-Doppelbindungen postuliert.

12 Die HMO-Theorie sieht eine besondere (aromatische) Stabilisierung bei planaren, konjugierten, cyclischen Systemen mit 4n+2 π-Elektronen, z. B. beim Benzol oder Cyclopentadienyl-Anion, vor. Andererseits sollten planare, konjugierte, cyclische Systeme mit 4n π-Elektronen, verglichen mit ähnlichen, nicht-cyclischen Verbindungen, destabilisiert (*anti*-aromatisch) sein. Die Solvolyse von 5-Jodcyclopentadien 1 in der nur schwach nukleophilen Propionsäure muß über das *anti*-aromatische Cyclopentadienyl-Carboniumion 3 verlaufen und erfolgt darum mit besonders hoher Aktivierungsenergie[13].

---

[12] Casey, Ch. P., Marten, D. F.: Tetrahedron Letters *1974*, 925.
[13] Breslow, R., Hoffman, J. M. jr.: J. Amer. Chem. Soc. **94**, 2110 (1972).

Eine *ungeladene anti*-aromatische Verbindung ist das Cyclobutadien 4. Erst neulich konnte es als höchst instabile Partikel nur unter speziellen Maßnahmen (bei sehr tiefen Temperaturen) nachgewiesen werden. Ein Beispiel eines *negativ* geladenen *anti*-aromatischen Systems bildet das Cyclopropenyl-Anion 5. Dieses konnte nicht einmal mit den stärksten Basen aus dem entsprechenden Kohlenwasserstoff erhalten werden und wurde erst durch elektrolytische Reduktion des sehr stabilen (aromatischen) Carboniumions als ein ausgesprochen unbeständiges Teilchen hergestellt und nachgewiesen.

13 Die Inversion am primären Kohlenstoffatom, die bei der Umsetzung des (S)-Tosylats 2 zum (R)-Azid 3, bzw. zum (R)-Äthyläther 7 festgestellt wurde, spricht in beiden Fällen für eine $S_N 2$-Reaktion, die bisher bei Neopentylderivaten wegen mangelnden Beweismaterials praktisch abgelehnt wurde[13a]. Man behauptete, daß die große *tert.* Butylgruppe die Ausbildung des „linearen" Übergangszustandes der $S_N 2$-Reaktion verhindert, was offenbar nicht zutrifft.

Das Solvolyse-Experiment (2) erlaubt noch eine weitere, interessante Aussage. Es zeigt an Hand der Bildung von 5 und 6, daß auch die bei Solvolysen der Neopentylderivate beobachteten Skelettumlagerungen hochstereospezifisch, d. h. mit Inversion am Kohlenstoffatom $C_{(1)}$ verlaufen und daß also die vorübergehende Bildung eines freien, primären Neopentyl-Carboniumions auszuschließen ist.

14 Bei 3 und 4 kommt eine sterisch bedingte Reaktionsbeschleunigung zum Vorschein. Die Bildung der entsprechenden Carboniumionen durch Ablösen der Sulfonat-Gruppe bringt den sterisch überlasteten Molekülen eine wesentliche Erleichterung. Die Solvolyse von 4 wird zusätzlich durch die π-Elektronen der Doppelbindung beschleunigt.

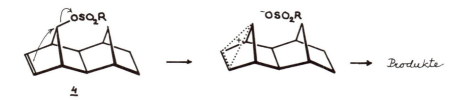

4

Die Doppelbindung-Beteiligung hängt allerdings von den sterischen Verhältnissen ab: Die π-Elektronen müssen an das Reaktionszentrum von der der Abgangsgruppe entgegengesetzten Seite herankommen. Diese Bedingung erfüllt sich trefflich bei 4, nicht jedoch bei 2; darum verlaufen die Solvolysen von 2 und seinem gesättigten Analogen 1 mit ähnlichen Geschwindigkeiten[14].

[13a] Bei der zu 7 führenden $S_N 2$-Reaktion im Falle der Äthanolyse handelt es sich allerdings nur um einen Bruchteil des Gesamtprozesses.

[14] Svensson, T., Winstein, S.: J. Amer. Chem. Soc. *94*, 2336 (1972).

15 Die Abspaltung der *p*-Toluolsulfonat-Gruppe findet unter Beteiligung der π-Elektronen der Doppelbindung statt. Für eine solche Beteiligung ist die Doppelbindung in **1** sterisch ideal gelegen. Sie bringt eine wesentliche Beschleunigung der Reaktion mit sich, so daß die bei primären Sulfonsäureestern übliche langsame Hydrolyse bei **1** schon bei Raumtemperatur in wenigen Stunden praktisch vollendet ist. Von den zwei *a priori* möglichen Produkten, **3** und **4**, wird nur **3** mit dem ungespannten Adamantan-Gerüst gebildet[15].

16 In Methanol verläuft die Reaktion wie eine $S_N 1$-Substitution über das resonanzstabilisierte Homoallyl-Carboniumion **A**, aus dem sowohl **2** als auch **3** entstehen können. Das starre Gerüst und die Beteiligung der Doppelbindung verschafft dem Prozeß eine hohe Stereospezifität mit ausschließlicher Bildung der β-Derivate.

Im Gegensatz zu Methanol ist Dimethylsulfoxid ein aprotisches, polares Lösungsmittel, welches Kationen viel besser als Anionen zu solvatisieren vermag. Deshalb entsteht durch Auflösen von Natriumazid in Dimethylsulfoxid eine Lösung mehr oder weniger nicht-solvatisierter und darum sehr nukleophiler Azid-Ionen. Diese führen dann bei **1** zu einer $S_N 2$-Reaktion mit Inversion der Konfiguration am Reaktionszentrum $C_{(3)}$[16].

Nukleophile sind in aprotischen, polaren Lösungsmitteln wie Dimethylsulfoxid oder Hexamethylphosphorsäuretriamid einerseits agressiver, weil ihre Ladung auf keine Solvathülle verteilt ist, andererseits aber auch wegen ihrer im Verhältnis zu solvatisierten Ionen geringen Raumbeanspruchung.

So verlaufen in DMSO oder HMPA $S_N 2$-Reaktionen bei Neopentylderivaten, bei denen in üblichen Lösungsmitteln aus sterischen Gründen der Zutritt des solvatisierten Nukleophils zum Reaktionszentrum verwehrt ist, ohne Schwierigkeiten und in hohen Ausbeuten[17].

---

[15] Raber, D. J., Kane, G. J., v. R. Schleyer, P.: Tetrahedron Letters *1970*, 4117.
[16] Goutarel, R., Cave, A., Tan, L., Leboeuf, M.: Bull. soc. chim. France *1962*, 646.
[17] Stephenson, B., Solladie, G., Mosher, H. S.: J. Amer. Chem. Soc. *94*, 4184 (1972).

17 1. Der Cyclisierungsprozeß erfordert ein gut ionisierendes und wenig nukleophiles Lösungsmittel. Bei stärker nukleophilen oder/und wenig ionisierenden Lösungsmitteln erfolgt eher der direkte Angriff an $C_{(1)}$.

2. Aus diesen Gründen ist die gut ionisierende und schwach nukleophile Ameisensäure ein besseres Cyclisierungsmedium als Essigsäure. Das Ionisierungsvermögen kann in erster Annäherung nach der Größe der dielektrischen Konstante, die Nukleophilie nach der Basizität des entsprechenden Säure-Anions beurteilt werden.

3. Das unter Beteiligung der Doppelbindung entstehende Carboniumion ist offenbar nicht so schön symmetrisch überbrückt wie in unserem Schema, sondern besitzt eher eine klassische Carboniumion-Form mit lokalisierter Ladung an einem der beiden C-Atome der ursprünglichen Doppelbindung. In dem Fall ist allerdings ein sekundäres Cyclohexyl-Carboniumion energetisch günstiger als ein primäres Cyclopentylmethyl-Carboniumion[18,19,20].

Ein gut ionisierendes und dabei wenig nukleophiles Lösungsmittel für solche Reaktionen ist in 2,2,2-Trifluoräthanol entdeckt worden: es gibt überwiegend cyclisierte Produkte.

18 Die Solvolyse von 1 erfolgt unter Beteiligung des 9-Anthryl-Systems und Bildung des spirocyclischen Ions 2. Aus 2 entsteht sowohl das kinetische Produkt 3 als auch der thermodynamisch stabilere Alkohol 4.

---

[18] Johnson, W. S., Bailey, D. M., Owyang, R., Bell, R. A., Jacques, B., Crandall, J. K.: J. Amer. Chem. Soc. *86*, 1959 (1964).
[19] Trahanovsky, W. S., Doyle, M. P., Bartlett, P. D.: J. Org. Chem. *32*, 150 (1967).
[20] Trahanovsky, W. S., Doyle, M. P.: Tetrahedron Letters *1968*, 2155.

Der Cyclopropanring von 2 kann an zwei Stellen geöffnet werden. Dies äußert sich in einem Scrambling des Deuteriums bei der Hydrolyse von 1-α-d$_2$.

Die Isolierung des spirocyclischen Cyclopropanderivates 3 war eine bedeutsame Stütze für die vorher bei Solvolysen von Phenyläthylderivaten postulierte Phenoniumionen

Das Kation 2 konnte mit Hilfe der NMR-Spektroskopie auch direkt „beobachtet" werden. Eine bei −80°C hergestellte Lösung des Alkohols 3 in SO$_2$−SbF$_5$ wies ein sehr einfaches NMR-Spektrum auf, welches dem symmetrischen Ion 2 gut entsprach. Besonders überzeugend war das Auftreten eines einzigen Singuletts (δ = 3.44 p. p. m.) für die vier H-Atome der ursprünglichen Seitenkette: In 2 sind die letzteren alle äquivalent geworden.

Das folgende Schema zeigt noch die Synthese von 3 aus Methylenanthron 5.

19 Die Bildung derselben zwei Produkte aus zwei verschiedenen Substraten in stets gleichem Verhältnis sowie die hohe Beschleunigung der Hydrolyse von 1 und 2 im Vergleich zu 5 wird durch die Annahme des bicyclischen Thiiranium-Ions (Episulfonium-Ions) A als gemeinsames Zwischenprodukt gut erklärt. Die Abspaltung der p-Nitrobenzoat-Abgangsgruppe wird durch die intramolekulare Beteiligung eines der beiden nicht-bindenden Elektronenpaare am Schwefel sehr beschleunigt. Anders kann man auch sagen, daß die Bildung des relativ zum Cyclohexyl-Carboniumion sehr stabilen Episulfonium-Ions A eine viel niedrigere Aktivierungsenergie braucht als die Ionisierung von 5. Die folgende, ring-öffnende Reaktion von A mit dem Lösungsmittelmolekül ist dann eine noch schnellere Reaktion[21].

---

[21] Ikegami, S., Asai, T., Tsuneoka, K., Matsumura, S., Akaboshi, S.: Tetrahedron *30*, 2087 (1974).

Die intermediäre Bildung von Episulfonium-Salzen ist für die allgemein hohe Reaktivität von β-Alkylthio-Derivaten in S_N-Prozessen verantwortlich.

20 Die o-ständige Nitrogruppe beteiligt sich an der Solvolyse als ein internes Nukleophil. o-Nitroso-benzophenon **2** entsteht aus dem intermediär gebildeten Ion **A** durch Deprotonierung (durch Einwirkung von Br⁻ oder eines Wassermoleküls).

Bei der Solvolyse von **1** in *Essigsäure* entsteht ein anderes Produkt, nämlich 5-Brom-3-phenylbenzisoxazol **3**. Auch **3** kann ungezwungen von **A** als Zwischenprodukt abgeleitet werden[22].

21 Nach der Vorstellung von Barton und Mitarbeitern wird das Chlordiphenylcarboniumion vom Alkohol in Form von **6** „abgefangen". Dieses Oxoniumion spaltet leicht HCl ab und geht in ein anderes Oxoniumion, nämlich **7**, über. Das letztere kann als ein O-alkyliertes Benzophenon aufgefaßt werden. Es wirkt als ein starkes Alkylierungsmittel und sein Alkyl wird auf das Stickstoffatom des Nitrilmoleküls übertragen: Es entsteht das Nitriliumion **8**. **8** wird schließlich bei der wässrigen Aufarbeitung zum N-Alkylamid **9** hydratisiert.

---

[22] Chauncey, D. M. jr., Andrews, L. J., Keefer, R. M.: J. Amer. Chem. Soc. *96*, 1850 (1974); Mease, A. D., Strauss, M. J., Horman, I., Andrews, L. J., Keefer, R. M.: J. Amer. Chem. Soc. *90*, 1797 (1968).

Daß die Alkylübertragung von 7 auf das Nitril zum Nitriliumion 8 eine S_N2-Reaktion ist, beweist unter anderem die beobachtete Inversion am chiralen $C_{(2)}$ bei der Überführung von optisch aktivem 2-Octanol in N-2-Octylacetamid:

22 Wie die Grenzformeln **2a** und **3a** zeigen, ermöglichen sowohl die 2-Nitro- als auch die 2-Cyano-Gruppe eine ausgiebige Delokalisierung der Anionenladung, wodurch der basisch katalysierte H/D-Austausch wesentlich beschleunigt wird[23].

23

---

[23] Cram, D. J., Ford, W. T., Gosser, L.: J. Amer. Chem. Soc. *90*, 2598 (1968).

Die erste Stufe in dem von Fraenkel und Cooper vorgeschlagenen Mechanismus ist eine zwischen Pyridinbasen und Acylhalogeniden bzw. Carbonsäureanhydriden gut bekannte Reaktion. Das erhöhte Acylierungsvermögen von Acylchloriden bzw. Anhydriden in Anwesenheit von Pyridin oder seinen Homologen beruht eben auf der Bildung von reaktiven N-Acylpyridiniumsalzen, von denen die Acylgruppe an Alkohole, Amine usw. leicht übertragen wird. Wie von Fraenkel und Cooper gezeigt, reagieren Acylchloride mit Pyridin schneller als mit Grignard-Verbindungen, was dem oben erwähnten, zweistufigen Prozeß eine gewisse Berechtigung verschafft. Dieser Mechanismus wird sogar dem folgenden, einstufigen Schema (b) vorgezogen.

Beim Pyridinium-Komplex **A** mit seinem positiv geladenen Stickstoffatom ist nämlich die zu **4** führende Elektronenverschiebung viel leichter zu verstehen (die Elektronen werden zum elektronendefektiven Stickstoff verschoben) als beim ungeladenen Stickstoff der einstufigen Variante.

24 Nach Grovenstein und Mitarbeitern[24] kommt bei der Umlagerung dem spirocyclischen Carbanion **5c** eine Schlüsselrolle zu:

Grovenstein bringt gleich eine Stütze für seine Vorstellung: Es gelang ihm, ein ähnliches spirocyclisches Carbanion, nämlich **7b**, nach Behandlung einer Lösung

---

[24] Grovenstein, E., jr., Akabori, S., Rhee, J.-U.: J. Amer. Chem. Soc. *94*, 4734 (1972); Grovenstein, E., jr., Rhee, J.-U.: J. Amer. Chem. Soc. *97*, 769 (1975).

von **6** (in deuteriertem Tetrahydrofuran) mit einer Cs—K—Na-Legierung durch NMR-Spektroskopie nachzuweisen.

$$\text{Ph-C}_6\text{H}_4\text{-CH}_2\text{-CH}_2\text{-CH}_2\text{-CH}_2\text{-Cl} \xrightarrow{Cs-K-Na} \text{Ph-C}_6\text{H}_4\text{-CH}_2\text{-CH}_2\text{-CH}_2\text{-CH}_2{:}^-$$

6   **7a**

$$\longrightarrow \text{spirocyclisches Produkt}$$

7b

Wie das eindeutige Ergebnis der Metallierung bei 1 zeigt, ist die *p*-Biphenylyl-Gruppe zur Ausbildung eines spirocyclischen Carbanions viel besser geeignet als eine Phenyl-Gruppe. Sonst müßte man unter den Reaktionsprodukten auch Produkte der Wanderung eines Phenyls finden.

25 Allgemein ist der Anteil der Eliminierung bei einem bimolekularen Prozeß größer als bei einem monomolekularen ($E2/S_N2 > E1/S_N1$). Darum sollte grundsätzlich alles, was einen bimolekularen Verlauf fördert, angestrebt werden.
1a ist prinzipiell richtig. X soll eine gute Abgangsgruppe sein, obwohl dies bei bestimmten Derivaten und Bedingungen den monomolekularen Prozeß fördern könnte. Gute Abgangsgruppen erleichtern allerdings sowohl die Eliminierung als auch die Substitution. Auf der anderen Seite würde eine schlechte Abgangsgruppe nicht nur die Substitution, sondern auch die Eliminierung erschweren bzw. verhindern. Von einer Gruppe zur anderen ändert sich das Verhältnis $E2/S_N2$ in bestimmten Grenzen. Bei Jodderivaten ist es z. B. etwas günstiger als bei Bromderivaten und hier wieder etwas besser als bei Alkylchloriden. In einigen Fällen sind bemerkenswerte und noch nicht ganz abgeklärte Unterschiede zwischen zwei sonst „vergleichbar guten" Abgangsgruppen registriert worden. So reagiert Octadecylbromid mit Kalium-*tert*. butylat in *tert*. Butanol hauptsächlich zu Octadecen, das entsprechende *p*-Toluolsulfonat dagegen fast ausschließlich zu Octadecyl-*tert*. butyläther[25]:

$$\text{X = Br :} \quad\quad\quad\quad 12\% \quad\quad\quad\quad 85\%$$
$$C_{18}H_{37}-X + tBuO^- \xrightarrow{tBuOH} C_{18}H_{37}-OtBu + C_{16}H_{33}CH=CH_2$$
$$\text{X = CH}_3\text{-C}_6\text{H}_4\text{-SO}_2\text{O-} : \quad\quad 99\% \quad\quad\quad\quad 1\%$$

2b und 3b ist richtig: Eine starke, jedoch schwach nukleophile Base ist für eine Eliminierung ideal. Ein gutes Beispiel dafür bilden die neulich in die organische Praxis eingeführten, bicyclischen Amidin-Basen des Typs 3 (Diazabicycloundecen, DBU); bei einer hohen Basizität ist 3 nur sehr schwach nukleophil.

---

[25] Veeravagu, P., Arnold, R. T., Eigenmann, G. W.: J. Amer. Chem. Soc. *86*, 3072 (1964).

3

Eine andere Gruppe von Basen, die sich für nukleophile Eliminierungen gut bewährt hat, sind Halogenid-Ionen in polaren, aprotischen Lösungsmitteln (z. B. LiBr in Chinolin oder in Trimethylpyridin bei erhöhten Temperaturen). Das neben dem gewünschten Olefin durch Substitution entstehende Alkylhalogenid ist immer noch ein geeignetes Substrat für eine Eliminierung, so daß schließlich nur das Eliminierungsprodukt vorliegt.

Für eine beabsichtigte Eliminierung soll das Lösungsmittel eher eine begrenzte Ionisierungskraft besitzen (4b), sonst fördert es eine monomolekulare Solvolyse. So sind die relativ wenig ionisierenden Alkohole als Lösungsmittel den stark ionisierenden wäßrigen Medien vorzuziehen.

Dagegen sind gut ionisierende, aprotische Lösungsmittel wie Dimethylformamid, Dimethylacetamid, Dimethylsulfoxid usw. ideal für Eliminierungen, die durch „weiche" Basen, z. B. durch die oben erwähnten Halogenid-Ionen, ausgelöst werden. Diese anionischen Reagenzien werden von solchen Lösungsmitteln nur schwach solvatisiert und haben als „nackte" Ionen eine viel stärkere Wirkung als in protischen Medien. Außerdem wird der Eliminierungsprozeß auch dadurch gefördert, daß das abgespaltene Proton – im Gegensatz zu Anionen – von den erwähnten Lösungsmitteln wirksam gebunden wird.

Eliminierungen werden wegen ihrer höheren Aktivierungsenergien durch Temperaturerhöhung mehr begünstigt als Substitutionen. Darum sind für die Herstellung von Olefinen aus 1 höhere Temperaturen vorteilhaft (5a).

26 Wie die Fälle 1 und 3 zeigen, verläuft die Eliminierung mit Fluoridionen in dipolaren, aprotischen Lösungsmitteln *anti*-stereochemisch. Dementsprechend kann 4, ähnlich wie 1, ein Acetylenderivat, nämlich 6, bilden. Bei 5 ist die sterische Bedingung der *trans*-Stellung von Br und H an der Doppelbindung (ähnlich wie bei 3) nicht erfüllt, eine antiperiplanare Anordnung kann jedoch leicht zwischen dem Bromatom und einem der H-Atome der Methylgruppe (durch geeignete Drehung um die C–CH₃-Bindung) erreicht werden. Eine Eliminierung in dieser Richtung führt dann zum Allenderivat 7.

Eine gewisse technische Komplikation bei der Durchführung der erwähnten Eliminierungen bildete die Schwerlöslichkeit von KF in den üblichen aprotischen Lösungsmitteln. Das besser lösliche Tetraäthylammoniumfluorid war wieder bei höheren Temperaturen unbeständig (oberhalb 80°C verübt es eine eliminierende Selbstvernichtung zu Äthylen, Triäthylamin und HF). Eine Lösung dieses Problems suchten Naso und Ronzini[26] bei einem Vertreter (8) der Gruppe der „Kronenäther" (crown ethers). Verbindungen dieses Typs bilden nämlich mit Alkali- und Erdalkali-Kationen relativ stabile Komplexe und bringen dadurch auch sonst unlösliche Salze in Lösung, dies sogar in apolaren Lösungmitteln (z. B. in Benzol)[27]. Ein Zusatz von 8 erhöhte beispielsweise die Löslichkeit von KF in Acetonitril (dank der Bildung von 9) auf ein für die Eliminierung nötiges Maß.

27 Der höhere positive Wert der ρ-Konstante bei der Reaktion mit Phenolation im Vergleich zu demjenigen mit p-Nitrophenolat läßt vermuten, daß der Übergangszustand einen mehr ausgeprägten anionischen (ElcB-ähnlichen) Charakter hatte. Eine allgemeine Aussage (insofern sie auf Grund von so begrenzten Angaben nur erlaubt ist): Die Struktur des Übergangszustandes der E2-Reaktionen bei 2-Phenyläthyl-Derivaten hängt von der Basenstärke des benutzten Nukleophils ab und nimmt mit steigender Basizität des letzteren immer mehr einen ElcB-ähnlichen Charakter an.

Die Richtigkeit dieser Aussage bleibt allerdings durch weitere experimentelle Befunde zu erhärten.

28

ohne Kronenäther: 91% (syn-E2)   9%
mit   : 30%   70% (anti-E2)

---

[26] Naso, F., Ronzini, L.: J. Chem. Soc., Perkin I, 340 (1974).
[27] Für eine nähere Information über Kronenäther und ähnliche Komplex-Bildner siehe Pedersen, C. J., Frensdorff, H. K.: Angew. Chem. 84, 16 (1972).

Die zwei Experimente von Bartsch und Wiegers bringen die Wichtigkeit des kationischen Gegenions für den *syn*-E2-Prozeß deutlich zum Vorschein. 1 und Kaliumtert. butylat ergibt fast ausschließlich eine *syn*-Eliminierung (es wird 2 gebildet), wird jedoch das Kaliumion im Komplex aus seiner Bindung mit dem *tert.* Butylation und folglich auch aus dem Eliminierungsprozeß entfernt, so erfolgt überwiegend eine *anti*-Eliminierung (als Hauptprodukt entsteht nun 3).

Die Eliminierung war übrigens in Anwesenheit des Kronenäthers viel schneller als ohne diese zusätzliche Komponente: Anstatt in 43 Stunden bei 50°C war sie schon nach einer einzigen Stunde beendet. Diese Beschleunigung kann vor allem durch die erhöhte Aktivität des „nackten" *tert.* Butylations als Base bei der Abspaltung von H erklärt werden.

29 Es handelt sich um ein Beispiel des s. g. α', β-Eliminierungsmechanismus, der bei Sulfoniumionen wegen der positiven Ladung am Schwefelatom und seiner Fähigkeit, unbesetzte *3d*-Orbitale zur Stabilisierung eines α-Anions anzubieten, gute Chancen hat. Der Prozeß ist zweistufig. Zuerst spaltet die Base ein Proton einer der Methylgruppen ab:

Im Anschluß darauf unterliegt das so entstandene Zwischenprodukt 3 mit dem Charakter eines Ylids einer intramolekularen, cyclischen Reaktion, in der ein β-ständiges D-Atom der Pentylkette auf die Methylengruppe des Ylids übertragen wird und das Olefin und (monodeuteriertes) Dimethylsulfid entstehen.

Wie wir sahen, sind jedoch nur 65% des eliminierten Deuteriums im Dimethylsulfid gefunden worden. Der Rest ist auf dem üblichen 1,2-Eliminierungsweg (als $(CH_3)_3C-OD$) abgespalten worden. Der α', β- und der 1,2-Mechanismus konkurrenzieren sich also. Es zeigte sich, daß das Verhältnis der beiden Wege besonders stark von der Sperrigkeit der benutzten Base abhängt: Mit unverzweigtem n-Butylation war der α', β-Mechanismus nur für 2% des gebildeten Olefins verantwortlich[28].

---

[28] Saunders, W. H.,jr. und Mitarbeiter: J. Amer. Chem. Soc. *93*, 6606 (1971); Tetrahedron Letters *1972*, 2307. Der α',β-Mechanismus bei Sulfoniumsalzen: Franzen, V., Mertz, Ch.: Chem. Ber. *93*, 2819 (1960); Franzen, V., Schmidt, H.-J.: ibid. *94*, 2937 (1961).

Schließlich bleibt noch zu beantworten, inwieweit das bei deuteriertem 2 erhaltene Ergebnis auf das nicht-deuterierte Substrat 1 übertragen werden darf. Eine qualitative Übertragung ist bestimmt berechtigt, d. h. die bei 2 ermittelte mechanistische Dualität besteht zweifellos auch bei 1. Was jedoch das Verhältnis der konkurrierenden Mechanismen betrifft, kann das Resultat mit der deuterierten Verbindung für 1 nicht mehr ohne weiteres übernommen werden. Hat nämlich die Base bei 1 bei den beiden Mechanismen nur zwischen zwei Typen von C–H-Bindungen (den β-ständigen im Pentyl und denen der Methylgruppen) zu wählen, so ist bei 2 die Wahl zwischen C–D-Bindungen einerseits und C–H-Bindungen andererseits. Ein primärer Isotopeneffekt muß hier also zur Geltung kommen und das Verhältnis der beiden Mechanismen bei 2 gegenüber demjenigen bei 1 verschieben.

30 Alles spricht – direkt oder indirekt – für den synchronen E2-Mechanismus (a). Direkte Stützen dafür sind u. a. die Isotopeneffekte (Punkte 5 und 6), die auf eine Schwächung sowohl der H–$C_{(\beta)}$- als auch der $C_{(\alpha)}$–N-Bindung im Übergangszustand der Eliminierung hinweisen, sowie die festgestellte *anti*-Stereochemie der Reaktion (Punkt 7).
Der ElcB-Mechanismus (b) ist mit dem ersten Punkt unvereinbar. Die reversible H-, bzw. D-Abspaltung aus der β-Stellung in der Vorstufe der Eliminierung müßte zu einem teilweisen D, H-Austausch in dieser Stellung führen.
Bei einer α′, β-Eliminierung (c) müßte das aus 3 abgespaltene Trimethylamin Deuterium enthalten und dies war, wie Punkt 4 besagt, nicht der Fall.
Eine α-Eliminierung (Carben-Mechanismus) (d) wäre mit 1.2-H,D-Verschiebungen verbunden; diese konnten jedoch nicht festgestellt werden (Punkt 3); übrigens spricht auch Punkt 2 gegen diesen Mechanismus[29].

31 Die geringe Änderung der Reaktionsgeschwindigkeit bei verschiedenen Benzoat-Abgangsgruppen stimmt mit dem zweistufigen (nicht-konzertierten) Mechanismus (b) gut überein, vorausgesetzt, daß dabei die erste Stufe langsam (reaktionsgeschwindigkeitsbestimmend) ist. Im Falle eines vollkommen konzertierten Prozesses (a) müßte die *p*-Nitroverbindung wesentlich schneller, das *p*-Methoxyderivat dagegen wesentlich langsamer als das unsubstituierte Benzoat fragmentieren.
In der Tat haben die Autoren dieser Studie (Grob und Mitarbeiter, 1972)[30] noch weitere zwei Mechanismen *a priori* für möglich gehalten, von denen mindestens einer erwähnt werden soll:

---

[29] Smith, P. J., Bourns, A. N.: Can. J. Chem. 48, 125 (1970); Bourns, A. N., Frosst, A. C.: ibid. 48, 133 (1970).
[30] Grob, C. A., Unger, F. M., Weiler, E. D., Weiss, A.: Helv. chim. Acta 55, 501 (1972).

Dieser (zweistufige) Mechanismus ist ebenfalls durch die Resultate der kinetischen Untersuchung ausgeschlossen worden, denn auch er sieht eine starke Abhängigkeit der Reaktionsgeschwindigkeit vom Charakter der Abgangsgruppe voraus.

Es sei noch bemerkt, daß die diskutierte Fragmentierung sehr konstitutionsabhängig ist. „So muß die Stabilität des entstehenden Carbanions durch elektronenanziehende Substituenten am β-Kohlenstoffatom soweit erhöht werden, daß die Heterolyse der C_α–C_β-Bindung spontan eintritt." Als die p-Nitrophenylgruppen in Stellung 2 von **1** durch zwei Phenylgruppen ersetzt wurden, fand die Fragmentierung nicht mehr statt.

32 Die durch OH^--Ionen ausgelöste Reaktion ist eine *Fragmentierung* des Alkoholat-Ions $1A^-$:

Es handelt sich da um ein typisches Beispiel der von Grob und Mitarbeitern studierten Fragmentierungen, die durch das folgende, allgemeine Schema charakterisiert werden können[31]:

$$\overset{\frown}{a}-b-c-d-\overset{\frown}{x} \longrightarrow a=b + c=d + \overline{x}$$

Damit in solchen Systemen die Fragmentierung tatsächlich zustandekommt, müssen noch bestimmte sterische, bzw. stereoelektronische Bedingungen erfüllt sein. Das Prinzip des maximalen Überlappens der p-Orbitale im Übergangszustand verlangt, daß die d–X-Bindung und das Orbital des nichtbindenden Elektronenpaares am a beide gegenüber der b–c-Bindung antiperiplanar, wie in x, y und z, liegen:

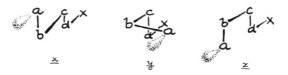

---

[31] Grob, C. A., Fischer, W.: Privatmitteilung; Grob, C. A., Schiess, P. W.: Angew. Chem. *79*, 1 (1967); Becher, K. B., Grob, C. A.: The Formation of Unsaturated Groups by Heterolytic Fragmentation. In Patai, S.: The Chemistry of Functional Groups, Interscience Publishers (in Druck).

Das Anion 1A⁻ ist ein Musterbeispiel für den Typ x. Ein starkes Argument für die Auffassung der Fragmentierung als einen konzertierten Prozeß ist die oft überraschend hohe Beschleunigung der Reaktion gegenüber Reaktionen an ähnlichen, jedoch nicht fragmentierenden Substraten.

33 Die diazotierte Anthranilsäure 2 ist ein geeignetes Ausgangsmaterial für die Herstellung von Benzyn (Dehydrobenzol) 6, dem instabilen Zwischenprodukt unserer Beispiele. Die Meinungen über den zeitlichen Verlauf der Zersetzung von 2 zu 6 sind noch nicht ganz einig (prinzipiell sind zwei zweistufige und ein synchroner Prozeß denkbar). Bei 3 und 4 ist das entstandene Benzyn in Diels-Alder-Reaktionen abgefangen worden[32]. Die Bildung von Phenetol 5 ist durch einen zweistufigen Prozeß zu erklären:
a) einen elektrophilen Angriff des Benzyns am Sauerstoffatom des Diäthyläthers, gefolgt von
b) einer cyclischen Zersetzung des so entstandenen, betainartigen Zwischenproduktes 7[33]

34

Eine experimentelle Tatsache ist Ihnen verschwiegen worden: Auch *trans*-1,4-Dibromcyclooctan 4 reagiert mit Magnesium zu 1 und zwar mit einer mit 3 vergleichbaren Geschwindigkeit. Dies macht die Annahme, daß schon der Angriff des Metalls an 3, bzw. 4 mit dem internen Eliminierungsprozeß synchron abläuft, unwahrscheinlich. Darum wurde die obere Formulierung gewählt[34].

---

[32] Friedman, L., Logullo, F. M.: J. Amer. Chem. Soc. *85*, 1549 (1963).
[33] Richmond, G. D., Spendel, W.: Tetrahedron Letters *1973*, 455.
[34] Baird, M. S., Reese, C. B., Stebles, M. R. D.: J. C. S., Chem. Comm. *1971*, 1340.

35 Die Erhaltung der optischen Aktivität im Additionsprodukt 3 spricht für die „klassische" Struktur des Carboniumions 2a. Das überbrückte („nicht-klassische") Ion 2b ist nämlich symmetrisch (es besitzt eine Symmetrieebene) und müßte zum racemischen 1,2-Dimethyl-*exo*-2-norbornylchlorid führen.

Dies bedeutet allerdings keineswegs, daß die Vorstellung eines „nicht-klassischen" Norbornyl-Kations *allgemein* auszuschließen ist. Unser Beispiel besagt nur, daß unter den angeführten Bedingungen die Addition über ein klassisch zu formulierendes Carboniumion erfolgt. In anderen Fällen sind hingegen Stützen für einen nichtklassischen Ablauf erbracht worden. Entscheidend für das Auftreten der einen oder der anderen Form des Carboniumions ist offenbar die Substitution des Norbornan-Systems und der Charakter des Mediums.

Im schlecht ionisierenden Pentan handelte es sich wahrscheinlich nicht um ein „freies", d. h. vollkommen vom Anion getrenntes Carboniumion, sondern eher um ein intimes, oder höchstens durch das Lösungsmittel getrenntes Ionenpaar. Die ausschließliche Bildung des *exo*-2-Chlorids ist bei Norbornan nicht überraschend und wird durch eine sterische Hinderung des Angriffes des Ions 2a von der *endo*-Seite (durch die dort befindlichen Wasserstoffatome) erklärt.

Schließlich sei noch bemerkt, daß die Erhaltung der optischen Aktivität bei der Überführung von 1 in 3 bei weitem nicht vollkommen war: Die optische Reinheit von 3 betrug bestenfalls 27% derjenigen von 1. Der teilweise Aktivitätsverlust wird von den Autoren der Arbeit[35] der Racemisierung des klassischen Ions 2a, die mit der Bildung von 3 konkurrieren kann, zugeschrieben.

---

[35] Goering, H. L., Clevenger, J. V.: J. Amer. Chem. Soc. *94*, 1010 (1972).

Die beobachtete, teilweise Racemisierung bei der Umsetzung von 1 zu 3 ändert allerdings nichts an der Richtigkeit der Entscheidung für 2a als Zwischenprodukt der Anlagerung, denn schon eine teilweise Erhaltung der optischen Aktivität kann nur mit dem klassischen, unsymmetrischen Ion erklärt werden.

36 Für die Brom-Addition an 4-Methoxy-1-allylbenzol 3 zwingt sich die Vorstellung eines durch die *p*-Methoxy-Gruppe stabilisierten (d. h. geförderten) *Phenoniumions* als Zwischenprodukt auf, dessen Cyclopropanring durch den folgenden Br⁻-Angriff an zwei verschiedenen Stellen geöffnet werden kann.

Beim unsubstituierten Allylbenzol 1 ist ein derartiges, überbrücktes Phenoniumion viel weniger stabilisiert als bei der 4-Methoxy-Verbindung und darum wird — wahrscheinlich über ein *Bromoniumion* — nur das normale Produkt gebildet.

Bei der Methoxy-Verbindung 3 könnte allerdings das Phenoniumion aus einem primär gebildeten Bromoniumion entstanden sein:

Eine klassische Wanderung der *p*-Methoxyphenyl-Gruppe in einem *offenen Carboniumion* ist dagegen zur Erklärung der Bildung von 5 auszuschließen, denn diese würde vorübergehend zu einem primären, instabilen Carboniumion führen.

Im Falle der direkten Bildung des Phenoniumions (also nicht *via* Bromoniumion) sollte die Brom-Addition an 3 gegenüber derjenigen von 1 eine anchimere Beschleunigung aufweisen. Die Autoren der hier diskutierten Arbeit[36] versprachen, zur Lösung dieser Frage eine kinetische Studie durchzuführen.

37

1 $\xrightarrow{+H^+}$ [structure] $\xrightarrow[-H^+]{-H_2O}$ [structure] **2**

Das Beispiel ist einer Arbeit von W. S. Johnson[37] über stereoselektive, nichtenzymatische Cyclisierungen von Polyolefinen entnommen. Wie Johnson an der berühmten Stanford University in Californien gezeigt hat, kann durch die Bildung eines carbocationischen Zentrums[38] innerhalb geeignet gebauter Polyene eine konzertierte Cyclisierungsreaktion ausgelöst werden, durch die — bei Beteiligung der Doppelbindungen — polycyclische Systeme entstehen. Solche Prozesse zeichnen sich durch überraschend hohe Stereoselektivitäten aus. Auch in unserem Fall entstand nur ein einziges Racemat, obwohl die in 2 vorliegenden sechs Asymmetriezentren theoretisch 2^6 Diastereomere oder 2^5 Racemate zulassen. Dies kann nur durch den in unserem Schema angedeuteten, mehr oder weniger konzertierten Charakter des Prozesses (die olefinbildende Proton-Abspaltung inbegriffen) bei gleichzeitiger Berücksichtigung der *anti*-Stereochemie der Additionen und der gegebenen Geometrie des Substrates gut erklärt werden[38a].

Mit seinen faszinierenden Studien auf diesem Gebiet strebt W. S. Johnson unter anderem auch eine ausgiebige Totalsynthese von Steroiden aus stereochemisch unkomplizierten Ausgangsstoffen an.

38 Die Dreifachbindung in 1 wird in Trifluoressigsäure unter Beteiligung des terminalen Jodatoms protoniert. Das so entstandene Jodoniumion A wird dann solvolytisch zum Endprodukt geöffnet.

---

[36] Dubois, J. E., Toullec, J., Fain, D.: Tetrahedron Letters *1973*, 4859.

[37] Carney, R. L., Johnson, W. S.: J. Amer. Chem. Soc. *96*, 2549 (1974).

[38] Z. B. durch die Protonierung einer Alkohol- oder Epoxid-Gruppe usw.

[38a] Siehe dazu W. S. Johnsons Referat ("Nonenzymic Biogenetic-like Olefinic Cyclizations") in Accounts Chem. Res. *1*, 1 (1968).

Eine ähnliche, stereospezifische Addition an eine Dreifachbindung ist zuvor auch bei 5-Halogen-1-pentynen und 6-Halogen-2-hexynen beobachtet worden[39]. Die Annahme einer Protonierung der Dreifachbindung unter Beteiligung des Halogenatoms erklärt gut die beobachtete *anti*-Stereochemie der Addition.

39 Sowohl 2 als auch 3 sind Produkte einer *anti*-Addition an die C=C-Doppelbindung in 1. Eine nachträgliche Cyclisierung von 2 wäre mit einer (wenigstens teilweisen) Inversion am C_α verbunden und würde also nicht zu 3, sondern zu einem Epimeren davon (bzw. zu einem Gemisch von beiden Isomeren) führen. Dies ist jedoch nicht beobachtet worden. Damit scheinen 2 und 3 nebeneinander, offenbar aus einem gemeinsamen, kationischen Zwischenprodukt entstanden zu sein: 2 durch eine *anti*-Addition von Br^-, 3 durch eine intramolekulare Beteiligung der Amidgruppe. Die hohe Stereospezifität (ausschließliche *anti*-Addition) läßt eher auf ein überbrücktes Bromoniumion 4a als auf ein offenes Carboniumion 4b als gemeinsames Zwischenprodukt schließen.

Die Autoren der Arbeit[40] sehen jedoch in der Bildung des *sechsgliedrigen* Dihydrooxazin-Ringes in 3 einen Beweis für den offenen Charakter des Kations (also für 4b), denn ein Bromoniumion sollte ihrer Meinung nach eher zum allgemein bevorzugten Fünfring führen. Ihre Vorstellung erklärt allerdings nicht ohne weiteres die beobachtete Stereospezifität der beiden Additionen. Ob hier ein unsymmetrisch überbrücktes Ion 4c eine zufriedenstellende Kompromißlösung bieten könnte?

---

[39] Peterson, P. A., Bopp, R. J., Ajo, M. M.: J. Amer. Chem. Soc. *92*, 2834 (1970).
[40] McManus, S. P., Hames, R. A.: Tetrahedron Letters *1973*, 4549.

40

Eine schöne Stütze für diesen mechanistischen Vorschlag war die gelungene Überführung des Keto-Aldehyds 9 zu 6 unter den oben diskutierten Reaktionsbedingungen[41].

41 Anstatt an seiner Carbonylgruppe angegriffen zu werden, wurde das Keton 3 vom Phosphoran oder von $CH_3S(O)CH_2^-$ (entsteht aus Dimethylsulfoxid und Natriumhydrid) deprotoniert. Nach Ansicht des Autors dieses Buches wurde dadurch eine Fragmentierung des β-substituierten Ketons ausgelöst, die einerseits zu Methylvinylketon 8, andererseits zum Anion des 2-Hydroxytetrahydropyrans 9 führte. Das letztere reagierte dann offenbar in seiner offenkettigen Form mit dem Methylentriphenylphosphoran zu 6.

---

[41] Lamparter, E., Hanack, M.: Chem. Ber. *106*, 3216 (1973); Tetrahedron Letters *1974*, 1623.

Einen anderen, etwas weniger üblichen Mechanismus schlugen die Autoren der zitierten Arbeit vor. Ihnen zufolge wird das Anion **A** des Ketons 3 nicht vorher fragmentiert, sondern reagiert direkt mit dem Phosphoran:

$$CH_3-\overset{O}{\overset{\|}{C}}-\overset{-}{C}H-CH_2-O-CH \quad \longrightarrow \quad CH_3-\overset{O}{\overset{\|}{C}}-CH=CH_2 \; + \; \text{(cyclisches Zwischenprodukt)}$$
$$(C_6H_5)_3P=CH_2$$

$$\underline{6} \; + \; O{\leftarrow}P(C_6H_5)_3$$

42 *Leicht alkalisch hydrolysierbar* sind: 2, 6 und 9 wegen günstiger (d. h. elektronenanziehender) polarer Effekte der Substitution im Acyl-Rest des Esters, 3 und 11 wegen ähnlicher Effekte im Alkyl-, bzw. Aryl-Rest.

Schwer alkalisch hydrolysierbar sind: 1, 5, 7, 10 und 12 wegen sterischer Hinderung des Ester-Carbonyls durch sperrige Substituenten entweder im Acyl- oder im Alkyl-Rest des Moleküls. Der Dialkylessigsäureester 7 wird alkalisch noch langsamer hydrolysiert als der trisubstituierte Essigester 12, ein Beispiel für die *Newmansche 6-Zahl-Regel*[42]. Bei 8 wird unter üblichen Bedingungen nur die Estergruppe mit unsubstituierten o-Stellungen hydrolysiert.

Beispiel 4 dokumentiert trefflich den boshaften Charakter des Autors dieses Buches. Zwar handelt es sich um einen der o,o-disubstituierten Benzoesäureester, von denen man weiß, daß sie allgemein schwer hydrolysiert werden, die alkalische Hydrolyse verläuft hier jedoch *schnell* dank der Möglichkeit einer Anlagerung des Hydroxylions an das Carbonyl der Acetylgruppe und nachfolgender „intramolekularer" Ester-Hydrolyse des entstandenen Anions **A**[43].

43 Die Verbindung **A** ist auf Grund der spektroskopischen Daten als Lävulinsäureanilid zu formulieren, **B** ist sein cyclisches Tautomeres, das durch Anlagerung der Amid-

---

[42] Newman, M. S.: J. Amer. Chem. Soc. *72*, 4783 (1950).
[43] Newman, M. S., Leegwater, A. L.: J. Amer. Chem. Soc. *90*, 4410 (1968).

Gruppe an das ketonische Carbonyl entsteht. Eine **A** ⇌ **B**-Isomerisierung findet offenbar am Füllmaterial einer Kolonne (Ionenaustauscher, Kieselgel) statt; eines der Tautomeren wird dann rascher eluiert als das andere, wodurch das Gleichgewicht zu seinen gunsten verschoben und seine Reindarstellung so ermöglicht wird.

$$\underset{\mathbf{A}}{\underset{}{\text{O=C}\;\;\;\text{C=O}}\atop{\text{CH}_3\;\;\;\text{NH–C}_6\text{H}_5}} \rightleftharpoons \underset{\mathbf{B}}{\underset{}{\text{CH}_3-\text{C}\;\;\;\;\text{C=O}}\atop{\text{HO}\;\;\;\;\text{N}-\text{C}_6\text{H}_5}}$$

Die Ring-Ketten-Tautomerie bei γ-Ketosäureamiden ist keine Seltenheit, nur gelingt es meistens nicht, beide Tautomeren in reiner Form zu isolieren[44].

Die Geschichte von Lävulinsäureanilid **A** und seinem Tautomeren **B** ist nicht ganz neu. Sie geht bis ins Jahr 1929 zurück, als Lukeš und Prelog[45] zum erstenmal die Reaktion von α-Angelicalacton mit Anilin beschrieben und dem Reaktionsprodukt die Struktur des Lävulinsäureanilids zusprachen. Die alternative, tautomere Struktur **B** wurde schon damals erwogen. Die Wahl zwischen den beiden Strukturen war allerdings 1929 – ohne die modernen spektroskopischen Methoden – nicht leicht zu treffen, so daß die Entscheidung zugunsten von **A** erst fiel, nachdem aus N-Phenyl-succinimid 2 und Methylmagnesiumbromid ein vom erstgenannten etwas unterschiedliches Produkt, vermutlich **B**, enthalten worden war.

Einige Jahrzehnte später kamen beide Autoren, nun besser für die Lösung dieses subtilen Strukturproblems gerüstet, offenbar von Gewissensbissen über ihre nicht ganz vollendete Jugendtat gequält, auf die strukturelle Klärung des Angelicalacton-Anilin-Produktes zurück. Zuerst stellte Lukeš in Prag (1960)[46] fest, daß die Deutung eines der früheren Experimente falsch war und daß die Grignard-Reaktion von N-Phenylsuccinimid nicht, wie früher behauptet, ein unterschiedliches, sondern prinzipiell dasselbe Produkt gibt wie die Reaktion zwischen Anilin und α-Angelicalacton. Elf Jahre später unternahm dann auch Prelog an der ETH in Zürich (1971)[47] eine gründliche Untersuchung des Falles, die zur endgültigen Lösung des Problems führte. Nachdem er die beiden Tautomeren (**A** und **B**) auf dem oben beschriebenen Wege in reiner Form hergestellt und ihr spektroskopisches Verhalten kennengelernt hatte, konnte er auch den kleinen, 1929 beobachteten Unterschied zwischen dem Produkt der Anilin-Angelicalacton-Reaktion einerseits und N-Phenyl-succinimid-Methylmagnesiumbromid-Reaktion anderseits erklären: Im letzteren Produkt wurde nämlich neben **A** auch eine kleine Menge **B** spektroskopisch nachgewiesen.

44 Der geschwindigkeitsbestimmende Schritt ist offenbar eine ElcB-Reaktion (eine monomolekulare Eliminierung der konjugierten Base), durch die das (nicht gefaßte)

---

[44] Ein anderes Tautomerenpaar wurde von Flitsch, W.: Chem. Ber. *103*, 3205 (1970) beschrieben.
[45] Lukeš, R., Prelog, V.: Coll. Czechoslov. Chem. Comm. *1*, 282, 617 (1929).
[46] Lukeš, R., Linhartová, Z.: Coll. Czechoslov. Chem. Comm. *25*, 502 (1960).
[47] Keller, O., Prelog, V.: Helv. chim. Acta *54*, 2572 (1971).

Isocyanat **6** entsteht. Dieses reagiert schnell, durch intramolekulare Addition der o-Aminogruppe, zu **2**[48].

Die Aufgabe der Base (HO⁻) besteht in der Bildung des Anions **5**. Die Protonabspaltung aus der NH-Gruppe in **1** ist unter den erwähnten Bedingungen bei einer Substanz des N-Phenylamid-Typus keineswegs überraschend.

Dieser Eliminierungs-Additionsmechanismus ist auch für die basische Hydrolyse anderer Carbaminsäureester[49] und solcher Carbonsäureester, die ein Proton aus ihrer α-Stellung leicht abspalten können (z. B. **7**)[50], vorgeschlagen worden. Eine gute Abgangsgruppe (das p-Nitrophenolat in unserem Fall sowie in **7**) scheint dabei für den ElcB-Verlauf wesentlich zu sein.

45

---

[48] Hegarty, A. F., Frost, L. N.: J. C. S., Chem. Comm. *1972*, 500.
[49] Woodcock, D. J.: J. C. S., Chem. Comm. *1968*, 267.
[50] Holmquist, B., Bruice, T. C.: J. Amer. Chem. Soc. *91*, 2993 (1969); Pratt, R. F., Bruice, T. C.: ibid. *92*, 5956 (1970).

[Reaktionsschema mit Strukturformeln, führend zu Verbindung **3** unter BH⁺ (+H⁺)]

46 Die Spaltung wird als eine S$_N$2-Substitution an der Alkylgruppe des Esters angesehen (Weg **b**):

[Schema: R-CO-OCH$_3$ + X⁻ mit Weg a (Angriff am Carbonyl) und Weg b (S$_N$2 am Methyl), X⁻ = Cl⁻, I⁻, CN⁻, ergibt R-COO⁻ + CH$_3$X]

Das polare, aprotische Lösungsmittel spielt dabei eine entscheidende Rolle. Erstens werden in solchen Medien nur Kationen gut solvatisiert, so daß Anionen, von keiner festen Solvathülle umgeben, viel stärker nukleophil als z. B. in Wasser oder in Alkoholen reagieren. Zweitens ist der übliche Angriff des Nukleophils am Kohlenstoffatom der Carbonylgruppe des Esters (Weg **a**), der in hydroxylhaltigen Lösungsmitteln zu Solvolyse-Endprodukten führt, in aprotischen Medien völlig reversibel und dies läßt den S$_N$2-Angriff am Alkyl, auch wenn beide Wege (**a** und **b**) konkurrieren, zur Hauptreaktion werden[51].

Der Mechanismus **b** erklärt gut sowohl die Bevorzugung des sterisch ungehinderten Methyls vor anderen Alkylgruppen als auch die Unempfindlichkeit der Reaktion gegenüber der sterischen Hinderung des Ester-Carbonyls.

Die erwähnte Esterspaltung kann besonders dort mit Vorteil benutzt werden, wo sonst die saure oder basische Hydrolyse unerwünschte Nebeneffekte hat. So konnte 3β-Acetoxy-Δ^5-cholensäuremethylester **2a** durch Erhitzen mit Lithiumjodid in 2,6-Dimethylpyridin (143 °C) in guter Ausbeute in die Acetoxy-säure **2b**, also ohne Verlust der Acetoxygruppe, überführt werden. Beim Ester **3a** war eine solche

---

[51] Zwar ist auch der Weg **b** prinzipiell reversibel, das Gleichgewicht wird hier jedoch durch Abdestillieren des flüchtigen Alkylhalogenids ständig zugunsten der Bildung des Säure-Anions verschoben.

„Halolyse" sogar die einzige Methode, die zur Säure **3b** führte; durch Einwirkung von Alkali verliert nämlich **3a** die Aminogruppe und von Säuren wird es, anstatt an der Estergruppe, wie es die säurekatalysierte Hydrolyse verlangt, eher am Stickstoff protoniert und demzufolge nicht hydrolysiert[52]. Die CN^--Methode wurde z. B. für die Keton-Spaltung von β-Keto-methylestern (**4 → 5**) empfohlen[53].

47 Es handelt sich um einen Spezialfall der im vorangehenden Problem diskutierten Halolyse von Methylestern. Die Autoren der Arbeit sehen in der Bildung von **3** aus **2** eine synchrone Fragmentierung (die Esterspaltung, Decarboxylierung und Eliminierung von Trimethylamin sollen konzertiert verlaufen).

48

---

[52] Elsinger, F., Schreiber, J., Eschenmoser, A.: Helv. chim. Acta *43*, 113 (1960); s. auch Taschner, E., Liberek, B.: Roczniki chemii *30*, 323 (1956); Chem. Abstracts *51*, 1039 (1957).
[53] Müller, P., Siegfried, B.: Tetrahedron Letters *1973*, 3565; Helv. chim. Acta *57*, 987 (1974).

[Reaction scheme showing intermediates A and B with CH₂=CH-CO-CH₃ addition, leading through cyanohydrin intermediates to 1,4-diketone product + CN⁻]

Im Unterschied zu der reversiblen Benzoin-Bildung ist in unserem Schema die 1,4-Addition des reaktiven Zwischenproduktes **A** an das ungesättigte Keton als irreversibel dargestellt. Praktisch ist sie es auch. Genau genommen handelt es sich jedoch auch hier um einen Gleichgewichtsprozeß, wenn auch mit einem stark zum Produkt verschobenen Gleichgewicht.

In ähnlicher Weise wie die 1,4-Diketone können auch γ-Ketoester und γ-Ketonitrile durch Anlagerung der aromatischen Aldehyde an α, β-ungesättigte Ester, bzw. Nitrile hergestellt werden[54]. Aliphatische Aldehyde können in solchen Additionen wegen ihrer Unbeständigkeit gegenüber Cyanidionen nicht direkt eingesetzt werden, es wurde jedoch für sie ein interessanter Ausweg gefunden[55].

49

[Reaction scheme 49 showing cyclopropane formation from bromo-triester with C₂H₅O⁻, and related transformation with ethoxy group]

---

[54] Stetter, H., Schreckenberg, M.: Tetrahedron Letters *1973*, 1461; Angew. Chem. *85*, 89 (1973); Chem. Ber. *107*, 210 (1974).

[55] Stetter, H., Kuhlmann, H.: Angew. Chem. *86*, 589 (1974).

50 Im nicht-protonierten N-Benzylanilin aktiviert die elektronenspendende Aminogruppe den mit ihr konjugierten Benzolring für die elektrophile Substitution. Darum entstehen mit Acetylnitrat in Acetanhydrid nur in diesem Ring nitrierte Derivate (o- und p-Nitro-N-benzylanilin).

In Schwefelsäure-Lösung ist dagegen 1 praktisch vollkommen protoniert und nun wirkt sich sein positiv geladener Stickstoff gerade umgekehrt aus als im ersteren Fall: er desaktiviert jetzt den Anilinring für die Substitution, und zwar viel stärker als den über eine Methylengruppe isolierten aromatischen Kern der Benzylgruppe. Die Nitrierung findet also in der Benzylgruppe statt. Die Tatsache, daß hauptsächlich das m-Nitroderivat entsteht, deutet allerdings darauf hin, daß auch dieser Ring unter einem bestimmten Einfluß des desaktivierenden Stickstoffatoms steht (die Desaktivierung betrifft vorwiegend die o- und p-Stellungen)[56].

o: 8%
m: 78%
p: 4%

Für diejenigen, die die oben erwähnten Resultate praktisch ausnützen möchten, ist noch eine Ergänzung nötig. Die Nitrierung mit Acetylnitrat war nämlich keine präparativ ausgiebige Reaktion und o- und p-Nitro-N-benzylanilin entstanden nur in niedrigen Ausbeuten. Das Reagens wirkte nicht nur nitrierend, sondern auch oxidierend und gab Benzylidenanilin 2 als Hauptprodukt[57].

---

[56] Dieses Resultat erinnert an das Nitrierungsergebnis bei Trimethylbenzylammoniumsalzen, wo m-Nitrobenzyl-trimethylammoniumsalze in hoher Ausbeute (88%) entstehen. Siehe Ingold, C. K., Wilson, I. S.: J. Chem. Soc. *1927*, 810.

[57] Modro, T.A., Roczniki chem. *45*, 825 (1971).

In derselben Arbeit[57] ist noch die Nitrierung von 1 mit einer äquivalenten Menge HNO₃ in Essigsäure beschrieben. Ähnlich wie beim Acetylnitrat in Acetanhydrid ist auch dieses Medium nicht sauer genug, um die relativ schwache, aromatische Base hinreichend zu protonieren und folglich tritt hier die Nitrogruppe in den Anilinring, und zwar vorwiegend in die p-Stellung, ein. Interessanterweise wird jedoch noch eine zweite Nitrogruppe an das Stickstoffatom gebunden, so daß als Hauptprodukt (63% Ausbeute, berechnet auf eingesetzte HNO₃) N, p-Dinitro-N-benzylanilin 3 entsteht.

51 Der stabilisierende Einfluß der Cyclopropylgruppe kommt nur dann deutlich zum Vorschein, wenn die Ebene des planaren Carboniumion-Zentrums diejenige des Cyclopropanringes senkrecht entzweischneidet In einer solchen Konformation (*bisected conformation*; A_1 bzw. A_2) können die Cyclopropanorbitale mit dem unbesetzten 2p-Orbital des C⁺-Atoms am besten in Wechselwirkung treten.

So ist es auch beim kationischen Zwischenprodukt (z. B. B) der Nitrierung von Cyclopropylbenzol. Eine wirksame Stabilisierung erfordert, daß die Ebene des Benzolringes diejenige der Cyclopropylgruppe entzweischneidet.

Bei 1,3-Dimethyl-2-cyclopropylbenzol 9 und *syn*-(*cis*-2,3-Dimethylcyclopropyl)-benzol 6 wird eine solche Anordnung durch nichtbindende Wechselwirkungen mit o-ständigen Substituenten — es handelt sich in beiden Fällen um Wechselwirkungen zwischen Methylgruppen einerseits und Wasserstoffatomen anderseits — bedeutend gestört und darum wirkt sich auch der beschleunigende Effekt des Cyclopropylsubstituenten hier nur schwach aus.

Ein anderes Beispiel für eine solche sterische Störung der für die Stabilisierung günstigen Konformation liegt im (1-Methylcyclopropyl)-benzol 5 vor. Die abstoßende Wechselwirkung zwischen der Methylgruppe und den o-ständigen Wasserstoffatomen reduziert den beschleunigenden Effekt — im Vergleich mit 4 — auf 40%.

Nach Kurtz, Fischer und Effenberger (Universität Stuttgart)[58] hängt der Einfluß des Cyclopropylsubstituenten auf die aromatische Reaktivität weiter von dem Charakter des Übergangszustandes der betreffenden Substitutionsreaktion ab. Er kommt — die richtige Konformation vorausgesetzt — nur dann zur Geltung, wenn der Übergangszustand auf der Reaktionskoordinate spät erreicht wird und somit dem Whelandschen kationischen Zwischenprodukt des Typs B gleicht. Ein solcher, „später" Übergangszustand trifft nach diesen Autoren z. B. beim Bromieren, nicht jedoch beim Nitrieren (!) ein: Im Gegensatz zu den von uns diskutierten Angaben von Stock und Young haben Kurtz, Fischer und Effenberger bei Cyclopropylbenzol 4 und (1-Methylcyclopropyl)-benzol 5 keinen wesentlichen Unterschied in der Reaktivität feststellen können! Ein Beispiel mehr, wie schwer es manchmal ist, sich unter kontroversen Daten zu orientieren. Ob die unterschiedlichen Befunde der beiden zitierten Arbeiten das Resultat unterschiedlicher Untersuchungsmethoden[59] gewesen sind oder aber eine andere Ursache haben, bedarf noch der Klärung; die Existenz des beschleunigenden Effektes des Cyclopropyls und seine konformationelle Begrenzung bleiben jedoch unbestritten.

52

Unser Schema erklärt allerdings nicht, *wie* eigentlich die Wanderung 1a ⇌ 2a erfolgt. Darüber sind sich auch die Theoretiker noch nicht völlig einig. Eines ist jedoch sicher: Die Methylgruppe wird dabei nie vollkommen frei, sondern es handelt sich um eine *intramolekulare* 1,2-Verschiebung. Für diese wird dann entweder ein überbrücktes Ion 4 oder aber ein π-Komplex 5 als Zwischenprodukt erwogen[60].

---

[58] Kurtz, W., Fischer, P., Effenberger, F.: Chem. Ber. *106*, 525 (1973).

[59] In der zuletzt zitierten Arbeit werden nicht, wie bei Stock und Young, die relativen Geschwindigkeitskonstanten durch Konkurrenz-Nitrierungen ermittelt, sondern es werden aus einem kritischen Vergleich der Produkte in Einzelversuchen Schlüsse auf die Reaktivität der Substrate gezogen.

[60] Shine, H. J.: Aromatic Rearrangements, S. 7, Amsterdam: Elsevier, 1967, und die dort angegebenen Referenzen.

53 In den angegebenen Strukturen der σ-Komplexe von *o*- und *p*-Xylol (siehe die grünen Seiten) kann jeweils nur eine der beiden Methylgruppen an der Hyperkonjugation teilnehmen, hingegen sind beim *m*-Xylol beide Gruppen gleichzeitig beteiligt[61].

---

[61] Shine, H. J.: Aromatic Rearrangements, S. 7, Amsterdam: Elsevier, 1967, und die dort angegebenen Referenzen.

54

Die ungewöhnliche Beständigkeit des Meisenheimerschen Komplexes 2 ist dem stabilisierenden Einfluß der drei Nitrogruppen *und* seiner intramolekularen Bildung zuzuschreiben[62].

55 Die Daten stimmen mit einem S_N Ar-Schema mit dem geschwindigkeitsbestimmenden zweiten Schritt (d. h. Zerfall des Adduktes **A**) und der weiteren Annahme einer bifunktionellen Katalyse im Sinne der Strukturen B_1 bzw. B_2 gut überein.

56 Der wesentliche Schritt in der Bildung von 2 aus 1 ist im folgenden Schema durch die Pfeile in der Formel des protonierten Ausgangsalkohols angedeutet. Wie schon erwähnt, muß der Vorgang nicht unbedingt konzertiert sein. Die Autoren halten es sogar für wahrscheinlich, daß zuerst durch Ablösen von H_2O das delokalisierte allylische Kation entsteht und erst nachher die σ-Bindung wandert.

---

[62] Sekiguchi, S., Shiojima, T.: Bull. Chem. Soc. Japan **46**, 693 (1973).

Es ist zu vermuten, daß bei der Umwandlung von 1 zu 2 eine wichtige Aufgabe auch der Methoxy-Gruppe am Benzolring zukommt. Als *p*-ständig zur migrierenden σ-Bindung erleichtert sie bestimmt wesentlich die Wanderung. Es wäre interessant zu wissen, ob die diskutierte Umwandlung in Abwesenheit dieser Gruppe überhaupt stattgefunden hätte.

57 Der Anlaß zu den beschriebenen Umwandlungen von 1 wird durch eine Koordinierung der Lewisschen Säure mit dem basischen Sauerstoff der Carbonylgruppe gegeben. Durch die so entstandene positive Ladung in der Nachbarschaft des Cyclopropanringes wird eine Spaltung des letzteren ausgelöst, die unter Beteiligung der π-Elektronen der Doppelbindung zum Cyclohexyl-Carboniumion A führt:

Dieses labile Zwischenprodukt entweder bildet durch Abspaltung eines Protons aus der Nachbarschaft des Carboniumion-Kohlenstoffs eine Doppelbindung aus und gibt — nach Wiederherstellung der Carbonylgruppe — die Cyclohexenderivate 2 und 3, oder aber stabilisiert es sich durch Carboniumion-Addition an die Enolat-Doppelbindung unter Bildung von 4.

58 *a) Säurekatalysierte Reaktion:*

b) Thermische Reaktion (?):

59 Bei der Bildung von 3 aus 2 wirkt Natriumäthylat zuerst als eine starke Base und entzieht dem Dibromketon sein sauerstes Wasserstoffatom; dies ist eines der beiden H-Atome der zum Carbonyl α-ständigen Methylengruppe, denn das entstandene Anion kann gut als Enolat-Ion stabilisiert werden. Das Anion greift dann als ein intramolekulares Nukleophil das naheliegende Kohlenstoffatom $C_{(2)}$ an, bei dem auch die C-Br-Bindung für eine S_N2-Reaktion mit $C_{(7)}$ günstig orientiert ist. So wird das Zwischenprodukt 4 gebildet.

Nun kommt das Äthylat-Ion noch einmal, diesmal als ein Nukleophil, zur Geltung. Es greift das gespannte und daher reaktive 4 an seiner schwächsten und zugleich zugänglichsten Stelle, nämlich am „Kopf"-Kohlenstoffatom des Cyclopropanringes, an. Dabei geht diejenige C–C-Bindung des Cyclopropans auf, bei deren Aufhebung die größte Spannungserleichterung erzielt und die nun auf ein Kohlenstoffatom übertragene, negative Ladung gut delokalisiert werden kann. Die vollkommene Starrheit des Gerüstes von 4 und der S_N2-Charakter des letzterwähnten Schrittes mit der streng definierten Geometrie des Übergangszustandes sorgt für die beobachtete, hohe Stereospezifität; es entsteht ausschließlich das 7-*anti*-Äthoxyderivat 3.

Die Verbindung 4 konnte zwar bei der Umwandlung von 2 zu 3 nicht direkt nachgewiesen werden, die Richtigkeit ihrer Annahme als Zwischenprodukt wurde jedoch neulich wesentlich erhärtet, als Paquette und Mitarbeiter[63] das tricyclische Keton 5 mit demselben Gerüst wie bei 4 durch LiAlH$_4$ zum Bicyclo[2.2.1]heptanderivat 6 „öffneten".

Die in unserem Problem diskutierte Umlagerung wurde 1960 von Mitch und Dreiding (Universität Zürich)[64] veröffentlicht. Jüngst wurde diese hochstereospezifische Umwandlung von Roberts (University of Salford, England)[65] für eine elegante Synthese eines Prostaglandin-Prekursors ausgenützt.

60

---

[63] Paquette, L. A., Fuhr, K. H., Porter, S., Clardy, J.: J. Org. Chem. *39*, 467 (1974).
[64] Mitch, E., Dreiding, A. S.: Chimia *14*, 424 (1960).
[65] Roberts, S. M.: J. C. S., Chem. Comm. *1974*, 948.

Das Auftreten von je zwei Produkten in der Diazotierung von *cis*- bzw. *trans*-2-Amino-1-cyclohexanol **1** entspricht der Tatsache, daß es bei den beiden Stereoisomeren immer zwei sesselförmige Konformationen gibt. Von jeder von ihnen wird ein anderes Produkt abgeleitet.

61 a) Das Ausbleiben der Styrol-Polymerisierung in Anwesenheit von Radikal-Abfängern mit beibehaltener Umwandlung von 1 zu 3 macht den freien Radikal-Ketten-Mechanismus (3) unwahrscheinlich, schließt jedoch den Mechanismus (4) mit dem Radikal-Paar im Lösungsmittel-Käfig nicht aus.

b) Durch die ausschließliche Bildung von 2-Butyroxypyridin beim Erhitzen von 2-Methylpyridin-N-oxid mit Buttersäureanhydrid und Natriumacetat wird der intermolekulare Mechanismus (2) ausgeschieden.

c) Die gleichmäßige Verteilung der ^{18}O-Radioaktivität auf beide O-Stellungen im Acetoxymethylpyridin scheidet den cyclischen Mechanismus (1) (so attraktiv wie er nur sein mag) aus, denn er könnte den radioaktiven Sauerstoff nur in eine Stellung einführen:

Dagegen erscheinen die Reaktionsschemata (4) mit dem Radikal-Paar und (5) mit dem intimen Ionen-Paar im Lichte dieses Befundes durchaus plausibel (der intermolekulare Mechanismus (2) übrigens auch, wir wissen jedoch, daß er an Hand von

(b) auszuschließen ist). Die Autoren der isotopenmarkierten Studie[66] geben dabei dem ersteren (Radikal-Paar) Mechanismus eine bessere Chance, denn gelegentliches Entweichen der Radikale aus dem Lösungsmittel-Käfig würde die beobachteten, radikalischen Nebenreaktionen (z. B. die erwähnte Styrol-Polymerisierung) gut erklären.

62

63 Besprechen wir zuerst die BF_3-katalysierte Umlagerung. Das Bortrifluorid lagert sich als Lewissche Säure an das stärker basische der beiden Sauerstoffatome in **1**, nämlich an das ketonische O, an, wodurch am letzteren eine positive Ladung entsteht (im folgenden Schema ist die BF_3-Anlagerung aus didaktischen Gründen durch eine Protonierung ersetzt worden). Dies ruft jetzt die mit Pfeilen angedeuteten Elektronen- und Bindungsverschiebungen hervor, die zum Zwischenprodukt A_1 führen. Wir sehen, daß die positive Ladung an das die OH-Gruppe tragende Kohlenstoffatom verschoben und dort durch Beteiligung der freien Elektronen des Sauerstoffs stabilisiert worden ist. Das Zwischenprodukt A_1 ist eigentlich nichts anderes als eine monoprotonierte-monoenolisierte Form des Endproduktes **2**, in welches sie durch Deprotonisierung und Ketonisierung schon leicht übergehen kann.

---

[66] Oae, S., Kitao, T., Kitaoka, Y.: J. Amer. Chem. Soc. *84*, 3359 (1962). Siehe auch Shine, H. J.: Aromatic Rearrangements, S. 290 und ff. Amsterdam: Elsevier. 1967.

Bei der Reaktion mit Acetanhydrid und Schwefelsäure wird am Anfang nicht nur die Carbonyl-Gruppe von 1 protoniert, sondern auch die OH-Gruppe acetyliert (es entsteht 4). Jetzt kommt es wieder zu der oben erwähnten Umlagerung, diesmal verleiht jedoch das nun acetylierte Sauerstoffatom seine nicht-bindenden Elektronen nicht so willig zur Stabilisierung des entstandenen Carbonium-Zentrums in A_2 und es müssen weitere Elektronen- und Bindungsverschiebungen erfolgen, bis ein stabiles System, nämlich das aromatische System von 3, erreicht wird. Inzwischen wird auch die andere sauerstoffhaltige Funktion acetyliert.

Spirocyclische Systeme des Typs 2 sind von Woodward und Singh (1950)[67] als Zwischenprodukte der Dienon-Phenol-Umlagerungen bei bi- und polycyclischen Substraten postuliert worden. Mit 2 konnte ein solches Zwischenprodukt zum erstenmal isoliert werden[68].

64 Die Äthylenbrücke in 1 verhindert einen normalen Fortverlauf der Benzidin-, bzw. Semidinumlagerung und führt lediglich zur spirocyclischen Verbindung 2[69]. Unver-

---

[67] Woodward, R. B., Singh, T.: J. Amer. Chem. Soc. 72, 494 (1950).
[68] Burkinshaw, G. F., Davis, B. R., Hutchinson, E. G., Woodgate, P. D., Hodges, R.: J. Chem. Soc. (C) 1971, 3002. Für die Reaktion mit $H_2SO_4-Ac_2O$ siehe Asahina, Y., Momose, T.: Ber. 71, 1421 (1938).
[69] Paudler, W. W., Zeiler, A. G., Goodman, M. M.: J. Heterocyclic Chem. 10, 423 (1973).

brückte Verbindungen dieser Art entstehen offenbar als Zwischenprodukte bei
o-Semidinumlagerungen, sind jedoch normalerweise nicht faßbar.

65 In unserem Beispiel der Pummerer-Umlagerung wird der Sulfoxid-Sauerstoff intramolekular durch die o-ständige Carboxylgruppe — nach ihrer Überführung in ein gemischtes Anhydrid — acyliert. Der weitere Verlauf ist aus dem folgenden, von Numata und Oae übernommenen Schema ersichtlich[70].

Interessanterweise wird bei dieser Reaktion die Chiralität vom Schwefel auf das nebenstehende C-Atom übertragen: Geht man vom optisch aktiven 1 aus, so entsteht das optisch aktive Umlagerungsprodukt 2[71].

66 Zur Erklärung der erwähnten Beobachtungen hat Skell einen Mechanismus vorgeschlagen, gemäß dem die geschwindigkeitsbestimmende H-Abspaltung durch Br·
unter Beteiligung des β-ständigen Brom-Substituenten in einer antiperiplanaren Konfiguration stattfindet (Übergangszustand **A**). Das danach durch Abspaltung von HBr gebildete, überbrückte Radikal **B** wird durch Br_2 auf der Rückseite schnell (schneller als es durch Ringöffnung isomerisieren kann) abgefangen.

---

[70] Numata, T., Oae, S.: Chemistry and Industry *1972*, 726.
[71] Stridsberg, B., Allenmark, S.: Scand. Chem. Acta *B 28*, 591 (1974).

Diese Vorstellung erklärt überzeugend das unterschiedliche Verhalten von *cis*- und *trans*-4-Brom-1-*tert*-butylcyclohexan (3 und 5). Nur beim ersteren ist die geometrische Bedingung für den antiperiplanaren Übergangszustand erfüllt.

Beim Bromcyclohexan 6 ist zwar die Konformation mit der äquatorialen Lage der C–Br-Bindung bevorzugt, befindet sich aber im Gleichgewicht mit der energiereicheren axialen Form. Da letztere – unter dem anchimeren Einfluß des Brom-Substituenten – viel schneller als die andere Konformation bromiert wird, bestimmt sie letztlich das Endresultat: Die Bromierung ist, dem Mechanismus von Skell entsprechend, wieder regio- und stereospezifisch.

Für die Erklärung der Bildung des optisch aktiven 2 aus 1 muß man annehmen, daß Br_2 nur eines der beiden überbrückten Kohlenstoffatome (nur $C_{(2)}$) angegriffen hat. Es ist jedoch durchaus vorstellbar, daß das Radikal **B** nicht völlig symmetrisch überbrückt sein muß und daß in diesem Falle die C–Br-Bindung zur ursprünglichen Substitutionsstelle ($C_{(1)}$) stärker ausgebildet ist als zum Reaktionszentrum.

Damit kommen wir zur Frage, warum der besprochene anchimere Effekt nicht mit Fluor oder Chlor auftritt. Die Antwort lautet, daß nur das größere und leichter polarisierbare Brom die erforderlichen Eigenschaften für den Aufbau der Radikal-Brücke besitzt. Es gibt allerdings auch Stützen dafür, daß das Chlor eine gewisse, wenn auch minimale Neigung hierzu besitzt.

Der anchimere Effekt des Brom-Substituenten, der bei Bromierungen so klar auftritt, macht sich bei Chlorierungen (mit Cl_2 oder *tert.* Butylhypochlorit) weit weniger bemerkbar. Skell sieht die Erklärung dafür in der höheren Aktivierungsenergie der H-Abspaltung bei der Bromierung. Je größer die Aktivierungsenergie ist, desto deutlicher kommt dieser Effekt zum Ausdruck.

67 Erwartungsgemäß entstand primär das *o*-Benzoylbenzyl-Radikal **4**, welches dann entweder (bei 30–45°C) zu **5** dimerisierte, oder aber (bei 120–125°C) durch intramolekulare Anlagerung an den aromatischen Ring der Benzoylgruppe das Anthron **6** lieferte. Letzteres unterlag jedoch unter den beschriebenen Bedingungen dehydrierenden, bzw. oxidativen Folgereaktionen, durch die einerseits Dianthron **8**, andererseits Anthrachinon **7** gebildet wurden. Der genaue Weg, auf dem dies geschah, müßte allerdings erst abgeklärt werden. Doch sind dies schon nachträgliche „Komplikationen" und die Frage nach den Produkten ist mit dem Dimeren **5** und Anthron **6** im Prinzip richtig beantwortet worden.

68 *Tert.* Alkoxy-Radikale neigen allgemein zu *Fragmentierungen*, bei denen ein Keton und ein Alkyl-Radikal entstehen. In unserem Fall der Zersetzung von Hypochloriten reagiert das Alkyl-Radikal mit dem Substrat zu Alkylhalogenid und Alkoxy-Radikal. Die erste und die letztgenannte Reaktion wiederholen sich in einer Kette:

$$R_3C-O-Cl + R\cdot \longrightarrow R-Cl + R_3C-O\cdot$$
$$R_3C-O\cdot \longrightarrow R_2C=O + R\cdot$$

Bei ungleichen Substituenten am tertiären Kohlenstoffatom wird offenbar diejenige Gruppe bevorzugt abgespalten, die das stabilste Radikal bilden kann: sekundäre Alkylgruppen also vor primären, primäre Alkyle wiederum vor Methylgruppen ($CH_3\cdot$ ist sehr instabil). Auch bestimmte bicyclische Fragmente, deren starres Gerüst für die Radikal-Geometrie ungünstig ist, werden nur ungern freigesetzt. Ein Beispiel dafür liegt beim Hypochlorit 2 vor, dessen tertiäres C-Atom zwei Methylgruppen und einen 1-Norbornyl-Rest trägt; das 1-Norbornyl-Radikal zählt, ähnlich wie die Methyl-Radikale, zu den Unbeständigen seiner Art und daher verläuft hier die Fragmentierung nur träge und in schlechter Ausbeute. Das entsprechende Alkoxy-Radikal 2· sucht einen anderen Stabilisierungsweg und findet ihn − in Cyclohexen als Lösungsmittel − in einer *intermolekularen H-Abspaltung*:

Ähnliches gilt allerdings auch für das *tert.* Butoxy-Radikal, das nur ungern fragmentiert und daher als starkes H-Abspaltungsmittel bekannt ist.

Wenn bestimmte geometrische Voraussetzungen erfüllt sind, kann die H-Abspaltung auch innerhalb des Alkoxyradikal-Moleküls erfolgen. Dies zeigt unser letztes Beispiel, wo neben den Fragmentierungsprodukten der Chlor-Alkohol 4 isoliert wurde. Die Autoren der Studie glauben, daß 4 durch eine *cyclische H-Übertragung* entstanden ist.

Auch das substituierte Tetrahydrofuran 5 ist ein Folgeprodukt der intramolekularen H-Übertragung.

69 Das durch Photolyse entstandene, primäre und darum sehr reaktive Radikal **A** kann intramolekular, dank der Anwesenheit des in einem günstigen Abstand befindlichen aromatischen Restes, in das stabilere Radikal **C** übergehen und schließlich, durch Abgabe von H· an ein anderes Teilchen, das cyclische Endprodukt **2** bilden.

Dieses Schema erklärt allerdings nicht die Bildung des „abnormalen" Produktes **3**. Die Entdeckung dieser Substanz im Reaktionsprodukt deutet auf eine interessante Komplikation im Stabilisierungsprozeß hin: Zwischen **A** und **C** muß offenbar ein Zwischenstadium **B** eingeschoben werden, aus dem sowohl **C** und **2** als auch **D** und **3** gebildet werden können.

Die Chance für die Bildung von **C** und **2** einerseits und von **D** und **3** andererseits aus dem spirocyclischen Radikal **B** ist allerdings praktisch gleich. Da **3** nur in relativ kleiner Menge im Photolyseprodukt vorkommt, ist neben dem letztgenannten Verlauf **A → B → C** bzw. **A → B → D** auch eine gleichzeitige direkte Bildung von **2** via **A → C → 2** anzunehmen [72].

70 $[BOC- = (CH_3)_3C-O-\overset{O}{\underset{\|}{C}}-]$

---

[72] Julia, M.: Symposiumsvortrag, Loewenhorst, 1974.

71 Bei der UV-Bestrahlung von Ketonen, die in ihrem Gerüst über (mindestens) ein γ-ständiges Wasserstoffatom verfügen, entstehen durch Übertragung dieses H-Atoms auf den Sauerstoff der angeregten Carbonylgruppe und Ringschluß des so gebildeten Diradikals (**A**) Cyclobutanole. Die Wasserstoff-Übertragung hat einen sechsgliedrigen, cyclischen Übergangszustand, der allerdings nur bei Erfüllung bestimmter sterischer Voraussetzungen möglich ist.

Aus **1** entstand auf diese Weise 3,20-Di-äthylendioxy-11α-hydroxy-5α-11,19-cyclopregnan **2**.

Das Diradikal **A** kann allgemein auch ein anderes Schicksal als der oben erwähnte Ringschluß treffen. Es kann – unter Spaltung der C_α–C_β-Bindung – zu einem Enol und einem Olefin fragmentieren:

Welchen Verlauf die Photoreaktion nimmt, hängt hauptsächlich von der Konstitution des Substrates ab[73].

72 Durch eine Norrishsche Spaltung ersten Typs entsteht aus 1 das Diradikal 3, welches sich dann durch eine, offenbar cyclische, Wasserstoff-Übertragung zum Keten 4 „stabilisiert". Die Stabilisierung ist hier in Anführungszeichen anzugeben, denn es handelt sich bei 4 um ein Hydroxy-keton, welches durch intramolekulare Anlagerung des Hydroxyls an die Keten-Gruppierung leicht ein δ-Lakton, nämlich 2, bilden kann.

73 Die durch Bestrahlung von 1,4-Dihydrophthalazin entstandene, hochreaktive Partikel ist o-Xylylen, das entweder „o-chinoid" als 2a oder „biradikaloid" als 2b formuliert werden kann. Die Autoren der diskutierten Arbeit[74] glauben, daß die biradikaloide Formel, allerdings mit entgegengesetzten Spins der ungepaarten Elektronen, die spektroskopischen Befunde (nicht alle sind hier erwähnt worden) am besten erklärt.

---

[73] Siehe z. B. Wagner, P. J., Hammond, G. S.: Adv. Photochem. *5*, 21 (1968); Schaffner, K., Jeger, O.: Tetrahedron *30*, 1891 (1974).

[74] Flynn, Ch. R., Michl, J.: J. Amer. Chem. Soc. *96*, 3280 (1974).

74

Die Autoren der Arbeit[75] formulieren das intermediär entstehende Radikal **A** als einen Komplex mit Ti^{4+}. Sonst entspricht unser Schema genau ihrer Vorstellung über den Reaktionsverlauf. Obwohl diese Vorstellung die Bildung von 2 aus 1 auf den ersten Blick sehr befriedigend zu erklären scheint, kann man sie doch nicht ganz vorbehaltslos annehmen. Das Auftreten der zwei primären Radikale, **B** und **C**, schwächt die Glaubwürdigkeit des Schemas: Solche Radikale sind instabil und die Tendenz zu ihrer Bildung dementsprechend klein. Auf der anderen Seite stellt die Möglichkeit der Bildung eines Fünfringes immer eine bedeutsame treibende Kraft dar. Außerdem könnte man sich auch eine direkte (konzertierte) Bildung von **C** aus **A** vorstellen, wodurch wenigstens die Bildung eines der primären Radikale (d. h. **B**) umgangen wäre.

75 Wie Sie sicher schon selbst erkannt haben, verbirgt das schlichte Eintopf-Verfahren in sich eine kleine Übung in Carben-Chemie. Zuerst wird aus Tetrabrommethan durch Einwirkung von Methyllithium Dibromcarben gebildet und an die Doppelbindung von Cyclooctẹn addiert.

Das Additionsprodukt 3 stellt ein geminales Dibromderivat dar, welches nun vom zweiten Molekül des Methyllithiums (in ähnlicher Weise wie vorher das Tetrabrommethan vom ersten) angegriffen wird. Dadurch entsteht das Carben 4, dieses ist jedoch, wie alle Cyclopropyliden-Carbene, unbeständig und isomerisiert gleich zum entsprechenden Allen, d. h. zu 1,2-Cyclononadien 2[76].

---

[75] Surzur, J.-M., Stella, L.: Tetrahedron Letters *1974*, 2191.
[76] Mehr über diese Isomerisierung, auch vom praktischen Standpunkt der Allen-Synthese, erfahren Sie in Kirmse, W.: Carbene Chemistry, S. 462 u. ff. New York: Academic Press. 1971, sowie in Sandler, S. R., Karo, W.: Organic Functional Group Preparations, Bd. II, S. 3 u. ff. New York: Academic Press. 1971.

76

[Reaction scheme: 1,1-dibromobicyclic compound **3** + CH₃Li → carbene intermediate **4** → cyclooctadiene **2**]

[Reaction scheme: norbornadiene **1** + CF₂: → difluorocyclopropane adduct **2** + tricyclic adduct **3**]

Difluorcarben[77] hat also neben dem (2+2+2)-Cycloaddukt 3 doch, im Sinne der üblichen Carbenreaktion mit Olefinen, gleichzeitig das Cyclopropanderivat 2 gebildet[78].

77 Wie 1938 von Grundmann[79] gezeigt, entstehen durch Zersetzung von Diazomethylketonen an CuO in apolaren, aprotischen Lösungsmitteln trans-Diacyläthylene 4. Die Bildung dieser Dimeren der Acylcarbene wird wie folgt erklärt:

$$R-\underset{\underset{O}{\|}}{C}-\bar{C}H-N\equiv N \xrightarrow[(-N_2)]{\Delta,\ CuO} [R-\underset{\underset{O}{\|}}{C}-CH:]\ [Kat.]$$

$$\xrightarrow{+\ R-CO-CHN_2} R-\underset{\underset{O}{\|}}{C}-CH-N\equiv N \xrightarrow{(-N_2)} R-\underset{\underset{O}{\|}}{C}\underset{H}{\overset{}{\diagdown}}C=C\underset{\underset{O}{\|}}{\overset{H}{\diagup}}C-R$$
$$\overset{|}{CH}-\underset{\underset{O}{\|}}{C}-R \underline{4}$$

Vom synthetischen Standpunkt aus bietet die Reaktion einerseits einen einfachen Zutritt zur chemisch interessanten Gruppe der Endione, andererseits, als Kupplungsreaktion, die Möglichkeit des Aufbaus langkettiger[80], bzw. cyclischer Verbindungen[81].

---

[77] Es wurde aus Trifluormethyl-phenyl-quecksilber und Natriumjodid *in situ* hergestellt.

$$C_6H_5-Hg-CF_3\ +\ NaI\ \longrightarrow\ C_6H_5-Hg-I\ +\ NaF\ +\ CF_2:$$

[78] Jefford, Ch. W., Kabengele, nT., Kovacz, J., Burger, U.: Tetrahedron Letters *1974*, 257.
[79] Grundmann, Ch.: Liebigs Ann. *536*, 29 (1938).
[80] Ernest, I.: Collection Czechoslov. Chem. Comm. *19*, 1179 (1954); Hněvsová, V., Smělý, V., Ernest, I.: ibid. *21*, 1459 (1956).
[81] Font, J., Serratosa, F., Valls, J.: J. C. S., Chem. Comm. *1970*, 721. Bei dem auf S. 145 (Beispiel (b)) beschriebenen Ringschluß wird allerdings ein *cis*-Endion-System gebildet.

(a) $CH_3O-\underset{O}{\underset{\|}{C}}-(CH_2)_{20}-\underset{O}{\underset{\|}{C}}-CHN_2 \xrightarrow[Benzol, 80°C]{CuO}$

$CH_3O-\underset{O}{\underset{\|}{C}}-(CH_2)_{20}-\underset{O}{\underset{\|}{C}}-CH=CH-\underset{O}{\underset{\|}{C}}-(CH_2)_{20}-\underset{O}{\underset{\|}{C}}-OCH_3$

$\xrightarrow[\substack{2) HS-CH_2CH_2-SH / BF_3 \\ 3) RaNi / EtOH}]{1) H_2/Pt;} CH_3O-\underset{O}{\underset{\|}{C}}-(CH_2)_{44}-\underset{O}{\underset{\|}{C}}-OCH_3$

(b) [cyclic diazoketone] $\xrightarrow[\substack{Benzol, 80°C \\ (hohe \\ Verdünnung)}]{Cu}$ [cyclic diketone] 20-30%

Als Nebenprodukte treten Triacylcyclopropane **5** auf, die aus Diacyläthylenen **4** durch Anlagerung des Acylcarbens entstehen.

$R-\underset{O}{\underset{\|}{C}}-CH=CH-\underset{O}{\underset{\|}{C}}-R + [\underset{\underset{R}{\overset{|}{C=O}}}{\overset{|}{CH:}}][Kat.] \longrightarrow$ [triacylcyclopropane] **5**

Die letztgenannte Addition an olefinische Doppelbindungen ist eine allgemeine Reaktion der Acylcarbene. Besonders ihre intramolekulare Variante wurde oft zur Synthese von bi-, bzw. polycyclischen Ringsystemen benutzt[82,83,84].

(c) [structure] $\xrightarrow[\substack{11 Stdn. 80°C}]{Cu, Cyclo-hexan,}$ [bicyclic ketone] 75%

(d) [bicyclic with CHN₂ group] ≡ [alternative drawing] $\xrightarrow[\substack{5.5 Stdn. Rück-fluss}]{Cu, THF}$ [adamantanone-like structure]

(e) [cycloheptatriene with CHN₂ group] $\xrightarrow[\Delta]{Cu}$ [tricyclic ketone] **6**

---

[82] Stork, G., Ficini, J.: J. Amer. Chem. Soc. *90*, 4303 (1968).
[82] Stork, G., Ficini, J.: J. Amer. Chem. Soc. *83*, 4678 (1961).
[83] Baldwin, J. E., Foglesong, W. D.: J. Amer. Chem. Soc. *90*, 4303 (1968).
[84] v. E. Doering, W., Roth, W. R.: Angew. Chem. *75*, 27 (1963). Dem eigenartigen Bindungssystem des tricyclischen Ketons **6** wird in der Aufgabe 78 Rechnung getragen.

78 Wie Sie schon selber festgestellt haben werden, entsteht durch Cope-Umlagerung in allen drei Fällen wieder die Ausgangsverbindung:

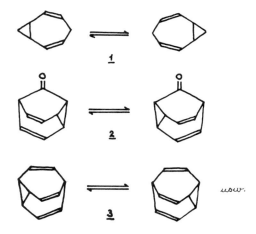

Eine Umlagerung, die zu derselben Verbindung führt, wird allgemein als *entartet* bezeichnet. Eine entartete Umlagerung wäre also z. B. auch die von 1,5-Hexadien selbst:

In diesem einfachen Beispiel liegt zwischen den „beiden" 1,5-Hexadienen eine relativ hohe Energieschwelle, die erst bei Temperaturen um 300°C wirksam überwunden werden kann. Dagegen erfolgt in manchen anderen Fällen die entartete Umlagerung oft sogar schon bei Raumtemperatur. Verbindungen, in denen rasche entartete Umlagerungen stattfinden, können nicht mehr mit einer einzigen, sondern erst mit zwei oder sogar mehreren Strukturen beschrieben werden; man spricht von *Molekülen mit fluktuierenden Strukturen*. Ein Vergleich mit den Kekuleschen oszillierenden Benzolformeln zwingt sich da auf, zugleich aber auch der wesentliche Unterschied: Während beim Benzol die Kekuleschen Formeln Grenzstrukturen bezeichnen, die zu einem dazwischenliegenden, energieärmeren, mesomeren Zustand beitragen, liegt zwischen den einzelnen Copeschen Formeln auch im günstigsten Fall eine Energieschwelle; es handelt sich also um keine Mesomerie. Man kann z. B. die Geschwindigkeit der entarteten Umlagerung durch starkes Abkühlen so herabsetzen, daß man nun NMR-spektroskopisch eine nicht mehr fluktuierende Struktur beobachtet. Dies ist beim Benzol nie der Fall.

Alle drei Verbindungen unseres Problems sind Beispiele solcher Moleküle mit fluktuierender Struktur. Ihre NMR-Spektren sind stark temperaturabhängig: komplizierter bei niedrigeren, einfacher bei höheren Temperaturen. So weist das NMR-Spektrum des Homotropylidens **1** bei −50°C, der Symmetrie seiner „einfachen" Struktur entsprechend, sieben verschiedene Wasserstoff-Typen auf; bei 20°C wird das Spektrum diffus und nur die olefinischen Signale sind noch zu erkennen; beim weiteren Erwärmen beginnt sich ein neues Spektrum zu gestalten, das bei 180°C klar vorliegt: Dies weist nur noch vier verschiedene Wasserstoff-Typen auf. Die Cope-Umlagerung, sehr langsam bei −50°C (ungefähr eine Umlagerung per Sekunde) ist bei 180°C so schnell geworden (~ 1000 mal per Skunde), daß das NMR nur die Mittelwerte der „quasi-symmetrisch" gewordenen H-Atome zu zeigen vermag. Das IR-Spektrum bleibt dabei im ganzen erwähnten Temperaturbereich unverändert − ein Beweis dafür, daß es sich immer um dieselbe Verbindung handelt.

$$a \equiv f$$
$$b \equiv g$$
$$c \equiv e$$

Noch leichter erfolgt die entartete Cope-Umlagerung beim Barbaralon 2. Die „zusätzliche" Carbonylbrücke hält das Homotropyliden-Gerüst dieser Verbindung in einer für die Umlagerung günstigen Konformation. „Das Kernresonanzspektrum des Ketons bleibt (auch) beim Abkühlen auf −60°C unverändert und ist nur durch Mittelwert-Bildung der Wasserstoffpositionen infolge einer schnellen Cope-Umlagerung zu verstehen. (Es weist nur drei Typen von H-Signalen auf.) „Auch dieses Molekül kann man nur durch Mittelung zweier klassischer Strukturen beschreiben..."[85] Ganz faszinierend ist unser letztes Beispiel, das Bullvalen 3. Sie haben sicher schon gemerkt, daß die „Brücke" dem Molekül eine hohe Symmetrie erteilt (die Verbindung hat nun eine dreizählige Symmetrieachse) und die Möglichkeiten der Cope-Umlagerung durch direkte Teilnahme beachtlich vermehrt. Es stellt eigentlich das extreme Beispiel eines fluktuierenden Moleküls dar. „Für zehn Kohlenstoffatome gibt es mehr als 1,2 Millionen Möglichkeiten, sie zu Bullvalen zusammenzustellen. Es ist die höchst ungewöhnliche Eigenschaft des Moleküls, daß jede dieser Anordnungen durch Cope-Umlagerung in jede andere übergeführt werden kann..."[86] sagen v. E. Doering und Roth in ihrer Arbeit über thermische Umlagerungsreaktionen[85]. „Wenn C−1 das Brückenkopfatom ist (siehe die untere Formel des Bullvalens), dann sind die C-Atome 4, 5 und 10 nur eine Cope-Umlagerung davon entfernt, selbst Brückenkopfatom zu werden. Die C-Atome 2, 7 und 8 sind zwei Umlagerungen von der Brückenkopfposition entfernt und die C-Atome 9, 6 und 3 benötigen drei Umlagerungen. Mit anderen Worten: Alle Wasserstoffatome haben im Durchschnitt die gleiche Position, und im Kernresonanzspektrum ist nur eine einzige scharfe Bande zu erwarten"[85]. *Zu erwarten*, denn dies ist zur Zeit, als Bullvalen noch nicht bekannt war, vorausgesagt worden!

---

[85] v. E. Doering, W., Roth, W. R.: Angew. Chem. 75, 27 (1963).
[86] Dies allerdings nicht immer durch eine einzige, sondern prinzipiell durch eine Reihe von Cope-Umlagerungen.

Und als ein Jahr später Bullvalen von Schröder[87] hergestellt wurde, erwies sich diese Voraussage von v. E. Doering und Roth als richtig. Das bei Raumtemperatur diffuse ^{1}H-NMR-Spektrum nimmt beim Erwärmen an Schärfe zu, bis es, oberhalb 100°C, in ein einziges, scharfes Signal übergeht. Beim Abkühlen auf −85°C teilt sich dagegen das Spektrum in zwei Signalgruppen von jeweils sechs und vier H-Atomen auf, die einerseits die „olefinischen", andererseits (zusammen) die Cyclopropan- und das Brückenkopf-H-Atom im jetzt nur langsam umlagernden Molekül repräsentieren. Noch eindeutiger sind die jüngst publizierten ^{13}C-NMR-Spektren: Die bei −60°C noch einzeln auftretenden vier C-Signale (sie entsprechen den vier Typen von C-Atomen im nicht-umlagernden Bullvalen) schrumpfen bei 140°C zu einem einzigen Signal mit einer Mittelstellung zusammen[88].

An der Universität Texas in Austin ist 1971 von Pettit und Mitarbeitern[89] ein anderer, mit Bullvalen isomerer $C_{10}H_{10}$-Kohlenwasserstoff, 4, synthetisiert worden, der dank seiner einzigartigen Orbitalgeometrie ebenfalls die Fähigkeit besitzt, schon bei Raumtemperatur unendlich viele entartete Cope-Umlagerungen einzugehen[90].

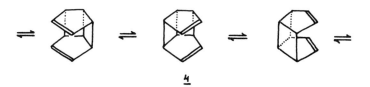

4

---

[87] Schröder, G.: Chem. Ber. 97, 3131, 3140 (1964); Merenyi, R., Oth, J. F. M., Schröder, G.: Chem. Ber. 97, 3150 (1964).

[88] Oth, J. F. M., Müllen, K., Gilles, J.-M., Schröder, G.: Helv. chim. Acta 57, 1415 (1974).

[89] McKennis, J. S., Brener, L., Ward, J. S., Pettit, R.: J. Amer. Chem. Soc. 93, 4957 (1971).

[90] Für den Kohlenwasserstoff 4 ist ein dichterisch klingender Name vorgeschlagen worden: *Hypostrophen*, vom griechischen *hypostrophe* = Wiederkehr, Wiederauftreten abgeleitet. Der Name *Barbaralon* ist dem tricyclischen Keton 2 offenbar zu Ehren von Barbara M. Ferrier, die sich um seine Synthese verdient gemacht hat[91], gegeben worden. Weniger romantisch scheint die Bezeichnung *Bullvalen* für 3 zu sein. „Der genaue Ursprung dieses unedlen Namens ist in Händen ungläubiger Doktoranden verloren gegangen", behauptet Professor v. E. Doering in einer seiner Bullvalen-Publikationen[91] und verweist auf ein englisches Slang-Wörterbuch, wonach Bull als Prefix zur Bezeichnung von großem, großartigem usw. benutzt wird. Sollten jedoch die Gerüchte, die hier als Quelle dienten, stimmen, so ist zu befürchten, daß die ungläubigen und vor allem respektlosen Doktoranden von Professor v. E. Doering den ersten Teil des Wortes mit dem für ihren Lehrer benutzten Spitznamen in Zusammenhang brachten. Wie es nur wirklich sein mag, die etwas obskure Bezeichnung des merkwürdigen Kohlenwasserstoffs hat sich in der heutigen Fachliteratur schon durchgesetzt.

[91] v. E. Doering, W., Ferrier, B. M., Fossel, E. T., Hartenstein, J. H., Jones, M., jr., Klumpp, G., Rubin, R. M., Saunders, M.: Tetrahedron 23, 3943 (1967).

79 Die tetracyclischen Cyclobutanderivate 2 und 3 sind von Meinwald und Mitarbeitern[92] als Produkte einer ultravioletten Bestrahlung von 1,8-Divinylnaphthalen 1 in Cyclohexan ermittelt worden. Sie stellen die beiden möglichen (Kopf-Schwanz- und Kopf-Kopf-)Produkte einer intramolekularen [2+2]-Cycloaddition dar, die, den Orbitalsymmetrieregeln gemäß, nur im angeregten Zustand von 1 erfolgen kann. Vor kurzem haben Hammond und Mitarbeiter[93] zeigen können, daß 1 dabei aus dem Triplett-Zustand reagiert.

80 Die Umwandlung des vinylogen Fulvalens 1 zu 2 ist wahrscheinlich das erste bekannte Beispiel einer thermischen, elektrocyclischen Zwölfelektronen-Reaktion. Die *trans*-Geometrie in 2 ist das Resultat eines konrotatorischen Ringschlusses, der gemäß den Woodward-Hoffmann-Regeln für den thermischen 12π-Prozeß alleine erlaubt ist.

Die Verbindung 3 entstand durch zwei aufeinanderfolgende, entweder thermische oder basenkatalysierte Wasserstoffverschiebungen. Mit ihrem aromatischen Ring ist sie thermodynamisch stabiler als das Isomere 2. Neben der hier aufgezeichneten Struktur, die von Sauter und Prinzbach auf Grund von spektroskopischen Daten vorgeschlagen wurde, gibt es zwei weitere Möglichkeiten mit verschobenen Doppelbindungen in den Fünfringen. Alle drei Strukturen werden hier allerdings als richtige Antwort angenommen. In der Tat entstehen sie alle drei bei der basenkatalysierten Isomerisierung von 2.

---

[92] Meinwald, J., Young, J. W.: J. Amer. Chem. Soc. *93*, 725 (1971); Meinwald, J., Kapecki, J. A.: ibid. *94*, 6235 (1972); Meinwald, J., Young, J. W., Walsh, E. J., Courtin, A.: Pure Appl. Chem. *24*, 509 (1970).

[93] Fleming, R. H., Quina, F. H., Hammond, G.S.: J. Amer. Chem. Soc. *96*, 7738 (1974).

81 Die Verbindung 3 ist das Produkt einer Diels-Alder-Reaktion zwischen 1 und 2 und besitzt die im Schema gezeigte *endo*-Struktur; das andere *a priori* mögliche (*exo*-) Isomere mit dem zur Methylen-Brücke gewandten Carbonat-Ring wurde nicht isoliert. Das Addukt 3 kann als ein „maskiertes" α-Diketon angesehen werden, in das es hydrolytisch leicht übergeht. α-Dicarbonyl-Verbindungen addieren allgemein Wasser oder Alkohole an eine der Carbonyl-Gruppen und bilden so Monohydrate bzw. Hemiacetale. Diese sind im Unterschied zu den gelben α-Dicarbonyl-Verbindungen farblos.

Unser Beispiel illustriert, wie Dichlorvinylencarbonat 1 als Synthon zur Einführung der α-Diketo-Gruppierung –CO.CO– in cyclische Strukturen benutzt werden kann[94]. Handelt es sich bei dem Dien der Diels-Alder Reaktion um 2,3-Dimethyl-1,3-butadien 5, so resultiert aus der nachfolgenden Hydrolyse (nach doppelter Enolisierung) 4,5-Dimethylbrenzkatechin 6:

82 Die Reaktion zwischen 2 und 3 ist eine Cycloaddition, bei der der ungesättigte Aldehyd die Rolle des Diens übernommen hat. Die Isomeren 4a und 4b unterscheiden sich durch die Konfiguration ihres Acetal-Kohlenstoffatoms.

---

[94] Scharf, H.-D., Küsters, W.: Chem. Ber. *105*, 564 (1972); Scharf, H.-D.: Angew. Chem. *86*, 567 (1974).

Beide Isomeren werden durch längeres Stehen in überschüssigem Methanol in Anwesenheit von Bortrifluorid-Ätherat zum Teil zu 5 „umacetalisiert". Wurde jedoch die saure Methanolyse (in Methanol-Äther bei 20°C) nach kurzer Zeit durch Zugabe einer Base unterbrochen, so resultierte in hoher Ausbeute ein Isomerengemisch der cyclischen Acetale 6. Aus diesem wurde dann durch sauer katalysierte Abspaltung eines Methanol-Moleküls das Iridoid-ähnliche Enoläther-Acetal 7 (zwei Isomere) hergestellt[95].

Auf ähnliche Weise wurden von Tietze an der Universität in Münster auch andere Iridoid-verwandten Verbindungen synthetisiert.

83 Addukt 1 entstand — im Einklang mit der Woodward-Hoffmannschen Voraussage für eine [$4\pi_s + 4\pi_s$]-Cycloaddition — beim *Bestrahlen* einer Lösung von Anthracen und 1,3-Cyclohexadien in Benzol (Ausbeute 96%). Ähnliche [$4\pi_s + 4\pi_s$]-Cycloadditionen, allerdings mit viel kleineren Ausbeuten und zahlreichen anderen Produkten, wurden auch bei Naphthalen und selbst bei Benzol durch UV-Bestrahlung ausgelöst[96].

84 Maleinsäureimide 1 sowie andere Maleinsäurederivate (vor allem das Anhydrid 2) sind als typische Dienophile der thermischen [$4\pi_s + 2\pi_s$]-Cycloadditionen bekannt.

1 : X = NH o. NR
2 : X = O

---

[95] Tietze, L.-F.: Chem. Ber. *107*, 2491 (1974).
[96] Siehe z. B. Löffler, H.-P.: Tetrahedron Letters *1974*, 787.

Benzol im Grundzustand ist kein guter Partner für solche Diels-Alder-Reaktionen. Sein aromatisches System ist zu stabil, um eine Reaktion als Dien zu erlauben. Anders ist es allerdings bei Bestrahlung der beiden Komponenten: Die eingestrahlte Energie kann — entweder direkt oder *via* angeregtes Partnermolekül — die aromatische Resonanzstabilisierung weitgehend aufheben und Benzol für eine Cycloaddition aktivieren. Laut den Orbitalsymmetrie-Regeln ist nun jedoch keine [$4\pi_s + 2\pi_s$]-, sondern eine [$2\pi_s + 2\pi_s$]-Cycloaddition erlaubt:

Das Addukt 3 stellt jedoch nicht das wirklich isolierte Produkt der Bestrahlung von Maleinsäureimid in Benzol dar. Als ein Dien kann 3 ein zweites Molekül von Maleinsäureimid — diesmal ohne jede Licht-Aktivierung — im Sinne einer Diels-Alder-Reaktion addieren, wodurch die als Endprodukt isolierte, polycyclische Verbindung 4 entsteht[97].

85 Nitrile 3a,b können als Produkte einer Diels-Alder-Reaktion zwischen Acrylonitril und der Bicycloheptadien-(Norcaradien-)Form 1A des Kohlenwasserstoffes aufgefaßt werden.

Bellus und Mitarbeiter[98] halten jedoch die Reaktion eher für eine [2+2+2]-Cycloaddition. In ihrer Vorstellung wird also der Cyclopropanring nicht *vorher* gebildet, sondern entsteht *bei* der Cycloaddition.

---

[97] Bryce-Smith, D., Gilbert, A., Orger, B., Tyrrell, H.: J. C. S., Chem. Comm. *1974*, 334; Hartmann, W., Heine, H.-G., Schrader, L.: Tetrahedron Letters *1974*, 883, 3101.

[98] Bellus, D., Helferich, G., Weis, C. D.: Helv. chim. Acta *54*, 463 (1971). Siehe auch Kirmse, W., Wahl, K.-H.: Chem. Ber. *107*, 2768 (1974).

86 Die Verbindung 2 ist das sogenannte Quadricyclen. Es entsteht aus Bicyclo[2.2.1]-heptadien durch Bestrahlung — eine im angeregten Zustand erlaubte [2+2]-Cycloaddition.

Die Autoren der Arbeit, Tanida und Tsushima[99], charakterisieren die Reaktion zwischen 1 und 2 als eine [$_\pi 6 +_\sigma 2 +_\sigma 2$]-Cycloaddition. Die Ausbeute an 3 läßt viel zu wünschen übrig. Daß die Reaktion überhaupt abläuft, verdankt man dem speziellen Charakter der Cyclopropan-Bindungen und ihrer gegenseitigen Orientierung im Quadricyclen, die ein teilweises, seitliches Überlappen der an der Cycloaddition teilnehmenden Orbitale ermöglicht.

87 Es handelt sich um eine cyclische [1,5]-Wasserstoffübertragung von der Brückenkopf-Methylgruppe zum Sauerstoffatom des Carbonyls. Dabei wird die zentrale Cyclopropanbindung aufgelöst. Das unmittelbare Produkt dieser elektrocyclischen Umwandlung ist allerdings nicht das Keton 3 selbst, sondern seine Enol-Form 3a. Mit Berufung auf die Struktur des Primärproduktes wird die Reaktion allgemein als *Enolen-Umlagerung* bezeichnet.

88 Sollte die Pyrolyse als eine konzertierte, sigmatrope Umlagerung im Sinne des Schemas von Meyer und Hammond verlaufen, so müßte ein Teil des aus Phenyl-2,2,2-trideuterioacetat gebildeten Phenols in *o*-Stellung deuteriert sein. (Wegen des

---

[99] Tanida, H., Tsushima, T.: Tetrahedron Letters *1972*, 395.

primären Isotopeneffektes bei der Enolisierungsreaktion sollte dieser Anteil mehr als 50% der Gesamtmenge des Phenols betragen.)

Dies konnte jedoch nicht festgestellt werden. Das gebildete Phenol enthielt — nach einer Reinigung über das Salz — dem Massenspektrum nach nur eine sehr kleine, der natürlichen Isotopenverteilung entsprechende Menge Deuterium. Damit mußte der *En*-Mechanismus abgelehnt werden. Die Frage nach dem richtigen Mechanismus der „einfachen" Reaktion bleibt also offen und kann nur durch weiteres Experimentieren beantwortet werden.